# PÂTISSERIE!
## L'ULTIME RÉFÉRENCE

# 法國甜點聖經平裝本 3

## 巴黎金牌主廚的
## 巧克力、馬卡龍與節慶糕點課

*Christophe Felder* 著

郭曉賡 譯

做出超完美糕點的樂趣是無止境的。

*Christophe Felder*

克里斯道夫・菲爾德

# 目　錄

# 克里斯道夫 · 菲爾德其人

憑著對甜點的熱情以及在甜點製作這方面的才華，克里斯道夫 · 菲爾德（Christophe Felder）在 23 歲那年就當上克里雍酒店（hôtel de Crillon）的糕點主廚。他創新發明了許多新式甜點，特別是在日本，他還出版多部糕點著作，在企業擔任顧問，培訓糕點從業人員，甚至開設一家糕點學校，為廣大的糕點愛好者服務。他充分利用各種途徑傳播和分享他的技藝與美食。

克里斯道夫 · 菲爾德身兼糕點師傅、巧克力師傅、冰淇淋師傅、糖果師傅，出身亞爾薩斯希爾梅克鎮（Schirmeck）一個麵包師世家。受家庭環境的影響，他的童年是聞著美味的芳香度過的。長大以後，菲爾德把對美食的這份獨特感受發展且昇華為技術和愉悅的完美結合體。麵粉和麵團細膩的觸感，香草、奶油和香料的香味，水果誘人的色澤、芬芳的氣味及清脆的口感，這些對菲爾德來說都是源源不斷的創意源泉，同時也是發揮才能的發動機。菲爾德為人嚴謹且單純，最大的快樂是與人分享自己的經驗，所以他會盡最大的努力把自己的技術成果介紹給大眾，對他來說這點非常重要。培訓和指導學生占去他大半的工作時間，比重越來越高；長久以來，他堅持把自己的技能成果分享給更多的人，並和志同道合的人分享自己對美食的熱愛，這是他的人生目標。

菲爾德為人嚴謹、感覺敏銳，知識淵博，又富於幽默感：在他看來，高品質的甜點自始至終都應該為人們帶來幸福的感覺，且能夠更直接地表達本身的內涵。他所創作的甜點從不膚淺做作，總是充滿趣味；在創作過程中，超越和滿足是菲爾德始終堅持的原則。他使用桑麗卡黑罐（Pot noir Sonia Rykiel），來提高巧克力的檔次（以表達他對設計師 Sonia Rykiel 的敬意），配以新鮮多彩的異國水果。他針對日本顧客開發了一系列的甜點，以創意重新詮釋幾款經典甜點。他的創意與高雅的姿態，把人類對美食的感受發揮到極致。舉例來說：巴卡拉甜點（Baccarat），即藍莓、香草、馬鞭草口味的奶油布丁；特尼西亞（Tennisia），網球形脆巧克力百香果奶油（將優質香草及百香果奶油醬、檸檬、甜杏放入球形檸檬白巧克力內，以沙布蕾塔皮為底座）；伊蓮娜（Héléna），即鳳梨、香菜和巧克力混合的果醬；親親（Le Bisous-Bisous），以麗春花、柚子、草莓、香草、藏紅花為原料的奶油布丁。這些都是他自創的甜品，全世界有很多餐館將這些甜點收錄在他們的菜單裡。

憑著出身麵包師世家的優勢，菲爾德一路走來意志堅定，貫徹始終。1981 年，菲爾德進入史特拉斯堡的里茲－沃蓋倫糕餅店當了 2 年的甜點學徒，然後從勃艮第轉到洛林區首府梅斯，之後在盧森堡的奧布維斯工作（1985 年）。1986 年，他在巴黎老店馥頌（Fauchon）工作，負責精品蛋糕、點心的裝飾。1987 年，菲爾德進入名廚季薩瓦（Guy Savoy）的餐廳工作，直至 1989 年。1984 ～

2004 年間，他一直在克里雍酒店任職，最後成為糕點主廚及整家餐廳的主廚。23 歲那年，他就成為克里雍酒店的糕點主廚，也是巴黎地區最年輕的糕點主廚。他在這家餐廳裡的創新甜點，至今仍是業界公認的經典之作。

在克里雍酒店工作的這些年來，菲爾德從未停止過對團隊夥伴的關心，他培養並激勵許多年輕的人才。如今，當年他培養的人才都成了巴黎著名餐館的領導人物，他們也都繼承菲爾德的精神，繼續培養團隊和人才。2002 年，菲爾德同時展開他的顧問生涯，為在日本的亨利‧夏邦傑（Henri Charpentier）擔任烹飪顧問。該品牌擁有 50 多家高品質的糕餅店和茶房。之後，他把擔任糕點顧問的經歷和創作的糕點產品帶回巴黎和史特拉斯堡，同時還在法國與日本、美國、比利時、西班牙、巴西、德國、墨西哥、荷蘭、義大利、烏拉圭……等世界各地，舉辦各種培訓和示範課程。

2004 年，他成立了克里斯道夫‧菲爾德－態度甜點公司；2005 年，與朋友一起收購史特拉斯堡的克雷貝爾（Kléber）酒店、ETC 酒店，之後又收購了位於奧貝奈（Obernai）的總督酒店。他們把這幾家酒店重整，最後成了主題糕餅店。菲爾德於 2009 年在史特拉斯堡開辦克里斯道夫‧菲爾德工作室，這是對一般大眾開放的糕點學校。他的糕點學校甚至開到巴黎兒童遊樂場裡面，巴黎人每週都能享受到糕點課程帶給他們的快樂體驗。

菲爾德在職業生涯中，曾獲獎無數，比較特別的是獲頒藝術及文學勳章（2004 年）和美國德州的榮譽市民（1999 年）。1989 年在史特拉斯堡，得到歐洲博覽會評審委員團頒發的金牌廚師獎。1991 年，獲得巴黎最佳甜點師獎。2000 年，他首次獲頒黃金瑪麗安獎，被《世界報》選為「未來五大廚師」之一。2003 年，在巴黎舉辦的法國霜淇淋大賽中獲得頭獎。2005 年，他出版的《我的 100 道蛋糕食譜》一書獲得最佳糕點圖書獎（從 600 本圖書中選出一本）。2006 年，他的《法國甜點聖經》理念和食譜作法的步驟圖，被安古蘭旅遊美食指南授予創新理念獎。2010 年，獲頒國家功勳騎士勳章。

菲爾德不僅是一個廚師，也是一位作家，出版過好幾本著作，透過這些作品的出版，將他熱愛的甜點藝術與讀者分享，有些書被翻譯成好幾國語言。自 1999 年以來，他寫了二十幾本專業書籍，由密內瓦出版社出版，包括《克里斯道夫的水果蛋糕》和《克里斯道夫焗菜》（2001 年）、《克里斯道夫的巧克力》（2002 年）、《我的 100 道食譜》（2004 年）、《冰淇淋和冰淇淋甜點》（2005 年）、《美味馬卡龍》（2009 年）、《美味肉桂甜酥餅乾》（2010 年），以及最寶貴的《法國甜點聖經》系列（2005-2009 年），共 9 冊。

# 追求完美糕點的樂趣是美妙的體驗

5 年前我決定著手《法國甜點聖經》的理念設計，2005 年出版了第一冊《降臨節蛋糕》。之後，陸續出版了 8 冊，這幾冊是一個完整的系列，如今我決定把它們全部收錄到本書中。

我出版這本系列的目的是什麼？為什麼是《法國甜點聖經》呢？其實目的只有一個：消除大眾在做糕點時的挫敗感，保留這些糕點的原味，同時去除誇張繁雜的炫技。我希望在不降低作品品質的情況下，把我精心簡化的甜品技巧分享給大眾。

我是第一個逐步推廣這種課程理念的人，效果顯而易見：從 2006 年起，這一系列先後獲得了安古蘭旅遊美食雜誌的創新獎。如今，我的理念已逐漸為大眾所接受：從兩、三年起，不少雜誌開始報導和推廣我的理念，這點證明我這種方法是對的。事實上，糕點製作不同於傳統烹飪，糕點製作是一門精細準確的技術。

糕點製作從第一個步驟起一直到最後的成品，這一過程的每一個步驟都要求操作者必須具備扎實的基本功，稱重、測量、時間控制等，每一個環節都極其嚴格和精準。操作者應抱著學習的態度，認真且嚴格遵守每一道步驟，唯有立足於基礎上才能進一步談創新。我們不能弄虛作假，或隨意篡改材料的份量：一定要克制自己，嚴格按照基礎食譜上的用量操作。

乍看之下，這樣的要求似乎很苛，可能會讓很多原本喜歡糕點但尚未掌握技巧的人望而卻步。為了消除大家的顧慮，我設計了分解步驟，便於讀者更直接了解具體的技巧，透過分解圖，傳遞給讀者最大量的訊息。

無論如何，我認為最重要的仍是要忠於糕點製作這門藝術。你會發現這本合集裡的都是專業食譜，我沒有刪除任何一部分：沒有刪除任何材料，也沒有捨棄任何一個細節，更沒有簡化步驟或結構，我只刪除原本深奧的專業術語表達，更精確地規範敍述，更準確地示範操作技巧。我秉持精準通俗的原則撰述，不想搞得像科學理論般讓人困惑難懂。所以，讀者可以在本合集裡找到完整的食譜，我相信透過學習，每個人都可以成功完成糕點的製作。

*Christophe Felder*

PART

1

# 手工巧克力與
# 夾心巧克力

# 製作手工巧克力與夾心巧克力

想要製作手工巧克力和夾心巧克力，保證做出來的產品很成功，就需要了解製作手工巧克力的一些方法，做出來的巧克力產品看起來才會光亮，吃起來才會脆。按照下面的指引，就可以做出更多的美食！

將巧克力切成碎片，放入一個容器內（要知道專業師傅使用的巧克力含較多的可可，巧克力融化後的流動性大些，這就是所謂的調溫巧克力。這種調溫巧克力比較難買到），再放入夾層鍋裡隔水加熱，攪拌到完全融化，質地潤滑。

這時，觀察溫度計的刻度：黑巧克力溫度應該來到 55°C；牛奶巧克力為 50°C；白巧克力為 45°C。然後將融化的巧克力倒 ¾ 在大理石面上，或一塊涼爽乾燥的檯面上。用抹刀翻疊融化的巧克力，直到溫度降至 28 ～ 29°C。

將它倒入一個常溫的大碗內，再將剩餘那 ¼ 的熱巧克力慢慢加入。隔水加熱，同時一邊攪拌，注意觀察溫度：黑巧克力溫度上升到 31 ～ 32°C，白巧克力和牛奶巧克力溫度上升到 29 ～ 30°C，即可停止加熱。

整個融化過程必須使用溫度計，按照標準即時監測，確保溫度。當然也可使用微波爐加熱。

## 黑巧克力融化過程曲線圖

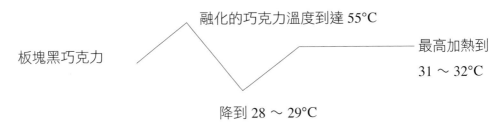

黑巧克力（可可含量至少 55%）搭配實例
可可塊 550g ／糖 450g ＋香草和大豆卵磷脂

## 牛奶巧克力融化過程曲線圖

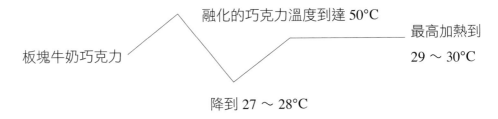

## 白巧克力融化過程曲線圖

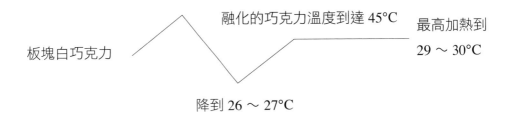

如果不是做蛋糕，可以像平常一樣直接加熱或隔水加熱融化巧克力。哎哎哎！但是要養成習慣啊……如果做出來的成品品質沒問題，就可以按照這種方法繼續製作！

# 杏仁巧克力
## Amande chocolat

· 烤箱預熱至 180°C。

· 準備所需材料 (1)。

· 取一個容器,將杏仁和甘蔗糖漿混合 (2 和 3)。

· 混合均勻後倒在烤盤上,放入烤箱,烤 15 分鐘 (4)。

· 烤熟後,從烤箱取出放涼。

· 牛奶巧克力用夾層鍋或微波爐隔水加熱融化。

· 找一個較大的不鏽鋼盤,裝滿冰塊,用保鮮膜封住,避免冰塊與水濺出。

· 把放涼的杏仁放入比裝冰塊的容器小的不鏽鋼盆中,放在冰塊上。

· 融化的牛奶巧克力倒 ⅓ 在杏仁中 (5),同時用力攪拌 (6),不時將不鏽鋼盆移位,在冰塊上和檯面上交替攪拌,避免杏仁之間沾黏。

· 再將剩下那 ⅔ 的牛奶巧克力分批倒進去攪拌。

· 這個方法可讓牛奶巧克力完全將杏仁包覆,注意要不時將不鏽鋼盆從冰塊上取下,避免容器過涼,使牛奶巧克力凝固過快 (7、8 和 9)。

準備時間：25 分鐘　　材料　　　　　　　**浸覆**
烹調時間：15 分鐘　　去皮杏仁 200g　　糖粉 100g
　　　　　　　　　　　甘蔗糖漿 2 大匙　　無糖可可粉 25g
　　　　　　　　　　　牛奶巧克力 200g
　　　　　　　　　　　精鹽 2 撮

*1* 準備所需材料。

*2* 將杏仁放入一個容器內，加入甘蔗糖漿。

*3* 攪拌均勻，讓甘蔗糖漿完全包覆住杏仁，即可將杏仁放到烤盤上，放入 180°C 的烤箱，烤 15 分鐘。

*4* 圖為烤好後的糖衣杏仁。

*5* 取一只不鏽鋼盤，裝滿冰塊。把放涼的糖衣杏仁放入一個比冰塊容器小的不鏽鋼盆中，再把這個放在冰塊上面。 將一部分融化的牛奶巧克力倒入糖衣杏仁中。

*6* 以木鏟從上到下用力地攪拌。

*7* 直到巧克力將糖衣杏仁完全包覆住。

*8* 慢慢加入剩餘融化好的牛奶巧克力。

*9* 不時將不鏽鋼盆放在冰塊上和檯面上，交替進行攪拌。

# 杏仁巧克力
## Amande chocolat

· 杏仁完全被牛奶巧克力包裹住後，加入 2 撮精鹽，攪拌均勻 (10)。

· 以細篩網將糖粉和可可粉過到一個不鏽鋼盤中 (11)，利用打蛋器攪拌均勻 (12)，然後放入杏仁巧克力 (13)。

· 用木製鍋鏟輕輕攪拌 (14)，但最好還是用「翻炒」的方法，避免損壞包覆好的杏仁巧克力 (15)。

· 將做好的杏仁巧克力放入密封盒中保存。可以在喝咖啡的時候享用！

Tips

· 可以自製糖漿代替甘蔗糖漿，只需將 50ml 的開水和 60g 的砂糖混合即可。

**10** 加入 2 撮精鹽，攪拌均勻。

**11** 取細篩網把糖粉和可可粉過到一個不鏽鋼盤中。

**12** 用打蛋器拌勻。

**13** 然後放入杏仁巧克力。

**14** 用木製鍋鏟輕輕攪拌，讓糖粉和可可粉裹住杏仁。

**15** 也可以放入比較大的容器內「翻炒」。

# 巧克力慕斯
## Mousse au chocolat

· 準備所需材料 (1)。

· 將奶油倒入鍋中，加熱直到煮開。利用這段時間，將巧克力切碎，放入一個容器內 (2)。

· 把煮開的奶油倒入巧克力碎中 (3)，讓巧克力在熱奶油中浸泡一會兒，待巧克力融化後，再用打蛋器攪拌 (4)。

· 拌到形成巧克力醬，滑順且光亮 (5)。

· 將蛋白倒入一個容器內，加入一撮鹽，用打蛋器充分打發。

· 蛋白打發後，一點一點慢慢加入砂糖 (6)。小心，蛋白不要打過頭。

· 在巧克力醬中加入 2 個蛋黃 (7)，攪拌均勻。

· 將巧克力醬倒入打發的蛋白內，用橡皮刮刀，由下往上反覆攪拌 (8)。

· 直到材料混合均勻即可 (9)。

· 把做好的巧克力慕斯裝入擠花袋（或用一把勺子），將慕斯裝入每個小玻璃杯中 (10)。

· 然後，放入冰箱冷藏至少 1 小時後再食用。

Tips

· 你可以在各種慕斯中淋上少許現成的焦糖，也可以加點香草籽碎，增添不同的風味。

份量：12 小杯
準備時間：15 分鐘
放置時間：至少 1 小時

材料
淡奶油 100g
可可含量 60 ～ 70% 的黑巧
克力 250g
蛋白 6 個
鹽 1 撮
砂糖 40g
蛋黃 2 個

1 準備所需材料。

2 將奶油加熱，巧克力切碎。

3 把煮開的奶油倒入巧克力碎中，將巧克力融化。

4 用打蛋器將混合物拌勻，和成巧克力醬。

5 圖為做好的巧克力醬，滑順且光亮。

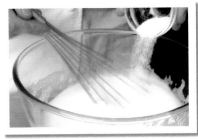

6 蛋白打發後，一點一點慢慢加入砂糖。

7 把 2 個蛋黃加入巧克力醬中，攪拌均勻。

8 將打好的巧克力醬倒入打發的蛋白內，用橡皮刮刀攪拌。

9 直到所有材料混合均勻即可。

10 把做好的巧克力慕斯先裝入擠花袋，再分別擠入玻璃杯中。

# 佛羅倫斯脆糖餅
## Carré florentin

- 烤箱預熱至 180°C。

- 將蜂蜜、奶油、糖、橙皮碎和檸檬皮碎放入鍋中 (1)。小火加熱至糖融化 (2)，再直到煮開。

- 鍋離火，加入杏仁片 (3)、糖漬柳橙丁、糖漬檸檬丁和鹹味花生碎粒 (4)。

- 用木製鍋鏟拌勻。

- 然後將上述混合物倒在鋪了烘焙紙的烤盤上，抹勻、抹平 (5)。

- 放入烤箱，烤 15 分鐘，直到表面呈均勻的金黃色 (6)。

- 烤好佛羅倫斯脆糖餅後，在表面撒上少許鹽花，將烤盤放到砧板上 (7)。

- 放涼一會兒後，取一把鋒利的刀，將它切成 5 公分寬的方片 (8)。

- 如果脆糖片冷得過快，變硬了不好切，可以將它放入烤箱微加熱後再切。

- 待切好的脆糖方片完全冷卻後，再繼續下一步。

收尾

- 將脆糖方片整齊排放在不鏽鋼涼架上。

- 用抹刀蘸上融化的黑巧克力，淋在佛羅倫斯脆糖方片上 (9)，淋成絲狀。

- 食用前需耐心等待：直到佛羅倫斯脆糖方片上面的黑巧克力凝固即可。

準備時間：20 分鐘
烹調時間：15 分鐘

材料
蜂蜜 60g
奶油 60g
砂糖 60g
橙皮碎 ½ 個
檸檬皮碎 ½ 個

杏仁片 60g
糖漬檸檬丁 20g
糖漬柳橙丁 20g
鹹花生粗碎 40g
鹽花 1 撮

**收尾**
可可含量 60% 或 70%
的黑巧克力 100g（經過
調溫，參考第 12 頁）

1 將蜂蜜、奶油、糖、橙皮碎和檸檬皮碎放入鍋中。

2 小火加熱，直到糖完全融化，再煮開。

3 離火後加入杏仁片，攪拌。

4 再加入糖漬柳橙丁、糖漬檸檬丁和鹹花生碎。

5 然後將混合物倒在鋪了烘焙紙的烤盤上，抹勻、抹平。

6 放入 180°C 烤箱，烤 15 分鐘。圖為烤好的樣子。

7 將脆糖餅從烤箱取出後，在表面撒上少許鹽花，放涼一會兒，再挪到砧板上。

8 切成 5 公分寬的方片。

9 待其完全冷卻後，用抹刀蘸上融化的黑巧克力，在佛羅倫斯脆糖方片上面淋呈絲狀即可。

# 巧克力糖衣開心果
## Mendiants pistaches

· 烤箱預熱至 180°C。

· 取一個小容器，將開心果仁和蛋白混合 (1)，然後加入砂糖 (2)。攪拌均勻，直到開心果仁表面形成一層糖沙 (3)。

· 將它倒在鋪有烘焙紙的烤盤上，放入烤箱，烤 5～8 分鐘左右，烤乾 (4 和 5)。

· 從烤箱取出放涼，放到全涼。

· 在工作檯上鋪一層保鮮膜，鋪平。

· 舀 1 大匙融化的黑巧克力倒在保鮮膜上，呈小舌頭形狀 (6)。

· 然後取形狀完好的糖衣開心果仁排放在黑巧克力片上，每塊巧克力放 4 個 (7)。

· 放置幾個小時，待黑巧克力凝固變硬後即可食用。

準備時間：20 分鐘
烹調時間：5 ～ 8 分鐘

材料
生開心果仁 70g
蛋白 1 小匙
砂糖 35g

可可含量 60% 或 70% 的黑巧克力
150g（經過調溫，參考第 12 頁）

1 將開心果仁和蛋白混合。

2 加入砂糖。

3 用手指攪拌，直到開心果仁表面形成糖沙。

4 倒在鋪有烘焙紙的烤盤上，放入 180°C 的烤箱內，烤 5 ～ 8 分鐘左右

5 以手觸摸，確認開心果和表面的糖粒完全乾燥。放涼再用。

6 取湯匙，舀 1 大匙融化的黑巧克力放在保鮮膜上，呈小舌頭形狀。

7 分別將 4 個形狀完好的糖衣開心果排放在一片黑巧克力上，輕壓上去。冷藏後即可食。

# 巧克力砂岩玫瑰酥

## Rose des sables

· 準備所需材料。

· 將杏乾切成小丁 (1)。

· 在模具裡鋪上一層保鮮膜，保鮮膜要超過模具邊緣 (2)，且留出的量要完全能覆蓋住模具表面。

· 準備調溫黑巧克力（參考第 12 頁）。

· 將 2 種玉米片放入一個容器內，加入紅糖和杏乾丁。

· 然後倒入融化的調溫黑巧克力和融化後放涼的奶油 (3)，用木製鍋鏟攪拌所有材料。

· 攪拌時，注意不要用力過猛，否則會損壞玉米片 (4)。

· 所有材料攪拌均勻後 (5)，倒入鋪好保鮮膜的模具裡 (6)。

· 用木製鍋鏟將表面抹平 (7)，用模具邊緣多出來的保鮮膜覆蓋好，表面用小鐵罐壓平壓實 (8)。

· 在陰涼處放置 20 分鐘。

· 放入冰箱冷藏 5 分鐘，再拿出來脫模。

· 麵包脫模後，用麵包刀（帶鋸齒）將它切成長方塊 (9)。

· 把錫箔紙裁成長方形：用錫箔紙把每塊巧克力砂岩玫瑰酥包好，方便用手取食 (10)。

Tips

· 您可以使用任何穀物，如爆米花等；變化使用不同的果乾，牛奶巧克力或白巧克力來製作。

準備時間：20 分鐘
放置時間：20 分鐘

材料
杏乾 80g
可可含量 60 ～ 70% 的黑巧克力
300g（經過調溫，參考第 12 頁）
無糖玉米片 100g
甜味玉米片 50g
紅糖 25g
奶油（融化後放涼）20g
＋錫箔紙

1　將杏乾切成小丁。

2　在模具裡鋪上一層保鮮膜，保鮮膜要超過模具邊緣。

3　將 2 種不同的玉米片放入一個容器內；加入紅糖和杏乾丁。然後倒入融化的調溫黑巧克力和融化後放涼的奶油。

4　用木製鍋鏟輕輕地攪拌所有的材料。

5　攪拌均勻，直到玉米片完全被巧克力裹住即可。

6　將混合物倒入鋪好保鮮膜的模具裡。

7　用木製鍋鏟將表面抹平，再封上保鮮膜。

8　利用小鐵罐將表面壓平壓實，放涼讓它凝固變硬。

9　脫模後去掉保鮮膜，用鋸齒刀將它切成長方塊。

10　先把錫箔紙裁成長方形，然後將每塊巧克力砂岩玫瑰酥包裹漂亮。

25

# 蘭姆酒葡萄乾巧克力
## Ganache rhum raisins

- 準備所需材料 (1)。

- 將蘭姆酒倒入鍋中，微加熱即可，淋在葡萄乾上 (2)。

- 浸漬 1 小時。

- 葡萄乾泡軟後，製作巧克力醬。

- 先將牛奶巧克力切碎。

- 把奶油倒入鍋中，加熱。

- 當奶油煮開後，分幾次慢慢倒入牛奶巧克力碎中 (3)。

- 將牛奶巧克力融化，攪拌均勻，製成巧克力醬 (4)。

- 將葡萄乾從蘭姆酒中撈出，粗切 (5)。然後放入巧克力醬內 (6)。蘭姆酒留起來。

- 把浸泡葡萄乾的蘭姆酒再加入葡萄乾巧克力醬中，拌勻。

- 最後將巧克力醬倒入鋪有保鮮膜的模具中 (7)。

- 放入冰箱，冷藏至少 1 小時。

準備時間：20 分鐘
浸泡時間：1 小時
放置時間：至少 1 小時

材料
黑蘭姆 60ml
黃金葡萄乾 80g
牛奶巧克力 400g
淡奶油 120g

**收尾**
可可含量 60 ～ 70% 的黑巧克力 100g
可可粉 2 大匙

*1* 準備所需材料。

*2* 將蘭姆酒略微加熱，倒入葡萄乾中。

*3* 奶油煮開後，倒入切好的牛奶巧克力碎中。

*4* 用木製鍋鏟輕輕將材料混合均勻，直到巧克力醬滑順為止。

*5* 將葡萄乾從蘭姆酒中瀝出，粗切即可。

*6* 葡萄乾放入巧克力醬內。

*7* 最後將巧克力醬倒入鋪好保鮮膜的模具中，放涼變硬。

# 蘭姆酒葡萄乾巧克力
## Ganache rhum raisins

### 收尾

· 將 100g 黑巧克力隔水融化。

· 取出放在冰箱中冷藏的蘭姆酒葡萄乾巧克力。

· 脫模,去掉保鮮膜,放在工作檯上。

· 舀 3 大匙融化的黑巧克力倒在蘭姆酒葡萄乾巧克力表面 (8),用抹刀抹平 (9)。

· 然後在上面撒上一層可可粉 (10),再將整塊蘭姆酒葡萄乾巧克力翻面,重複前面的步驟再做一次 (11)。

· 待表面的黑巧克力凝固變硬,即可切成所需的大小和形狀 (12)。

### Advice

· 浸漬過的葡萄乾可加入蘭姆酒去燒,最後加一撮肉桂粉。

### Tips

· 如果室內不能保證恆溫,可將做好的蘭姆酒葡萄乾巧克力裝入密封盒內,收進冰箱冷藏。

8 將蘭姆酒葡萄乾巧克力脫模，然後倒上融化後的黑巧克力。

9 用抹刀將黑巧克力抹平。

10 在上面撒上一層可可粉，然後用刷子來回刷勻。

11 將整塊蘭姆酒葡萄乾巧克力翻面，按照上述的步驟再做一次。

12 將巧克力切成想要的形狀。

# 伯爵茶味巧克力
## Ganache earl grey

· 準備所需材料 (1)。

· 將淡奶油倒入鍋中，加熱 (2)。

· 當奶油煮開後，加入伯爵茶，浸泡 5 分鐘。

· 利用這段時間，將牛奶巧克力切碎，放入一個容器內。

· 用細篩網把泡好的伯爵奶油茶過濾到奶油巧克力碎中 (3)。

· 靜置一會兒，讓牛奶巧克力慢慢融化，再用木製鍋鏟攪拌 (4)。

· 攪拌到滑順，即可加入切成小塊的奶油，拌至奶油融化 (5)，就是伯爵茶味巧克力醬。

· 將保鮮膜鋪在模具內，倒入伯爵茶味巧克力醬 (6)。

· 放入冰箱，冷藏 1 小時後，再繼續下面步驟。

準備時間：25 分鐘
浸泡時間：5 分鐘
放置時間：1 小時

材料
淡奶油 150g
伯爵茶（滿滿的）1 大匙
牛奶巧克力 400g
奶油（切小丁）60g

融化的黑巧克力（收尾用）100g
可可粉 2 大匙

1 準備所需材料。

2 淡奶油煮開後，加入伯爵茶，浸泡 5 分鐘。

3 用細篩網把浸泡好的伯爵奶油茶過濾到奶油巧克力碎中。

4 以木製鍋鏟攪拌。

5 攪到巧克力醬變滑順，即可加入奶油丁，攪拌至奶油融化。

6 將保鮮膜鋪在模具內，倒入伯爵茶味巧克力醬，放涼變硬。

# 伯爵茶味巧克力
## Ganache earl grey

· 伯爵茶味巧克力醬凝固成形後，即可脫模，放到工作檯上。

· 在其表面澆上 2 大匙融化的黑巧克力 (7)，再用抹刀抹平 (8)。

· 靜置 2 分鐘後，利用細篩網，均勻撒上一層可可粉 (9)。

· 先將整塊伯爵茶味巧克力翻面，再放到一張烘焙紙上，重複前面的步驟 (10 和 11)。

· 待表面的黑巧克力凝固後，即可將整塊伯爵茶味巧克力切成所需的大小和形狀 (12)。

Tips

· 如果室溫無法控制在恆溫狀態下，可以將做好的蘭姆酒葡萄乾巧克力裝入密封盒內，放入冰箱冷藏。

7 在表面澆上 2 大匙融化的黑巧克力。

8 再用抹刀將融化的黑巧克力抹平。

9 在表面撒上一層可可粉。

10 將整塊伯爵茶味巧克力翻面,放在一張烘焙紙上,重複上面的步驟。

11 兩面的黑巧克力厚度應該完全一致。

12 將整塊伯爵茶味巧克力切成所需的形狀。

# 茴香巧克力棒棒糖
## Sucettes Chocolat à l'anis

- 準備所需材料 (1)。

- 巧克力切碎。

- 將蜂蜜倒入一個厚底鍋中 (2) 煮開後 (3)，加入砂糖 (4)。

- 材料煮開後持續讓它煮滾 4 分鐘左右。

- 直到鍋中的糖變為焦糖。可將鍋中的糖舀出幾滴放入冰水中，用以檢測焦糖是否煮妥 (5)。

- 如果冰水中的焦糖脆硬，表示可以了 (6)。

份量：8 根
準備時間：20 分鐘
烹調時間：4 分鐘

材料
可可含量 60% 或 70% 的黑巧克力 50g
蜂蜜 120g
砂糖 120g
檸檬 ½ 個
奶油 15g

棒棒糖棍（或小竹籤）4 根
茴香籽少許

1　準備所需材料：砂糖、蜂蜜、黑巧克力、檸檬、甘草、奶油和茴香籽。

2　蜂蜜倒入一個厚底鍋中。

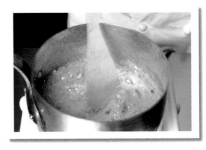

3　將蜂蜜加熱煮開。

4　然後加入砂糖。

5　直到鍋中的糖變為焦糖。將鍋中的糖舀幾滴出來放入冰水中，檢查焦糖的火候。

6　冰水中的焦糖要又硬又脆。

# 茴香巧克力棒棒糖
## Sucettes Chocolat à l'anis

- 停止加熱後，在鍋內滴入 8 滴檸檬汁 (7)，再倒入黑巧克力碎，最後加入奶油 (8)。用木製鍋鏟攪拌所有材料 (9)。

- 攪拌均勻後，用湯匙將焦糖巧克力舀到烘焙紙上面（或不沾烤盤），呈圓形 (10)，同時注意每個之間保持一定的間距，因為每個上面還需要黏上棒棒糖棍或牙籤 (11)。

- 將每根棍子劈開，分別放在每個焦糖巧克力圓片上，然後在表面撒上幾顆茴香籽 (12 和 13)。

- 放涼，待凝固變硬，再從烘焙紙（或不沾烤盤）上取下 (14)。

Tips

- 一次可做很多根棒棒糖，用玻璃紙分開包裝，方便保存。

7 焦糖熬好後,停止加熱,滴8滴檸檬汁入鍋。

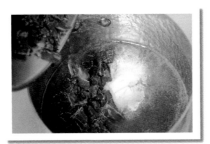

8 再倒入黑巧克力碎和奶油。

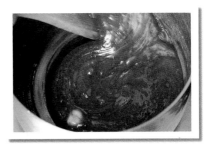

9 用木製鍋鏟將所有材料攪拌均勻。

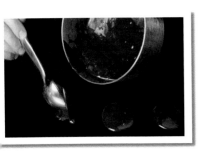

10 用湯匙將焦糖巧克力舀到烘焙紙上或不沾烤盤上,呈圓形。同時注意每個之間保持一定的間距。

11 在每個焦糖巧克力圓片上面黏一根棒棒糖棍或是劈開的小竹籤。

12 表面撒上幾粒茴香籽。

13 確定每根糖棍都固定在焦糖巧克力圓片裡。

14 放涼,待巧克力圓片凝固變硬後,再從烘焙紙或不沾烤盤上取下。

# 檸檬杏仁軟糖
## Marzipan citron

· 準備所需材料 (1)。

· 用手將杏仁膏搓揉均勻，搓到表面光滑，然後切成小塊 (2)。

· 取小刀，在砧板上先將香草豆莢縱向劈開，再用刀尖將香草豆莢籽刮出來。

· 磨檸檬皮碎 (3)，然後擠檸檬汁。

· 取小塊杏仁膏放入一個容器內，加入香草籽、檸檬皮碎和 30ml 的檸檬汁 (4)。

· 用木製鍋鏟將這些材料混合均勻。

· 當然，您也可以用手將這些材料混合。然後在工作檯上撒些糖粉 (5)，將混合均勻的檸檬杏仁膏搓成一長條，粗細均勻 (6)。

準備時間：25 分鐘
放置時間：2 小時

材料
50% 白杏仁膏 300g（盡可能選用）
香草豆莢 1 根
檸檬 1 個
＋糖粉（防沾黏）

**包裹及收尾**
白巧克力 150g
糖粉 100g

1 準備所需材料。

2 用手將杏仁膏搓勻，搓到表面光滑，然後切成小塊。

3 用磨泥器磨取檸檬皮皮碎。

4 把小塊的杏仁膏放入一個容器內，加入香草籽、檸檬皮碎與檸檬汁，一起攪拌。

5 攪拌均勻後，將混合物倒在撒好糖粉的工作檯上。

6 把檸檬杏仁膏搓成直徑為 2 公分的長條。

# 檸檬杏仁軟糖
## Marzipan citron

· 接著將這條檸檬杏仁膏切成寬 1.5 公分左右的小塊 (7)。

· 再用雙手把每一小塊檸檬杏仁膏揉成球形 (8 和 9)。

· 然後放在一個盤子裡,收入冰箱冷凍 2 小時。變硬後,即可進行下一步。

· 利用這段時間,將白巧克力融化,注意融化的溫度不要過高,因為白巧克力比黑巧克力更敏感(白巧克力含奶粉)。

· 將糖篩到一個容器內。

· 從冰箱取出冷凍的檸檬杏仁膏球。

· 取少許融化的白巧克力直接抹在掌心 (10)。

· 把一個檸檬杏仁膏球放在掌心,雙手掌心搓揉,使杏仁膏球表面均勻沾滿白巧克力 (11)。

· 然後放入裝著糖粉的容器內滾一滾,表面沾滿糖粉 (12)。

· 再將糖球放在細篩網上,篩掉多餘糖粉 (13)。按這方法將所有白巧克力檸檬杏仁膏球沾滿糖粉。

· 冷藏 10 分鐘左右,待表面的白巧克力凝固後,即可與檸檬茶一起享用。

Tips

· 如果杏仁膏有些過於乾燥,可加入幾滴冷的檸檬汁,揉起來更順手。

7 將檸檬杏仁膏條切成寬 1.5 公分左右的小塊。

8 每一小塊檸檬杏仁膏用雙手揉成球形。

9 圖為搓揉好的小球。將它放入冰箱冷凍 2 小時。

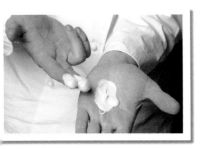

10 取少許融化的白巧克力，直接抹在掌心。

11 把一個檸檬杏仁膏球放在掌心，用雙手掌心搓揉，使檸檬杏仁膏球表面均勻沾滿白巧克力。

12 再將巧克力檸檬杏仁膏球放入過篩的糖粉容器內滾動，讓它的表面沾滿糖粉。

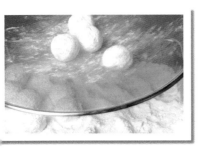

13 最後，將所有沾滿糖粉的白巧克力檸檬杏仁膏球放在細篩網上，篩掉多餘的糖粉。

# 黑菌咖啡巧克力
## Truffes au café

· 準備所需材料 (1)。

· 用棉布將咖啡豆蓋住，然後用擀麵棍將豆子擀碎 (2)。

· 將淡奶油、水和砂糖一起放入鍋中加熱。

· 煮開後，加入擀碎的咖啡豆 (3)，浸泡約 5 分鐘 (4)。

· 趁這段時間，將黑巧克力切碎，放入一個不鏽鋼容器內。

· 泡好後，慢慢將它過濾到黑巧克力碎中 (5、6 和 7)。

準備時間：20 分鐘
泡製時間：約 5 分鐘
冷凍時間：2 小時

材料
咖啡豆 60g
淡奶油 250g
水 4 大匙
砂糖 40g
可可含量 70% 的
黑巧克力 300g
奶油 40g

**收尾**
可可含量 60% 或 70% 的黑
巧克力 200g
無糖可可粉 200g

1 準備所需材料：淡奶油、水、咖啡豆、奶油、砂糖，以及黑巧克力。

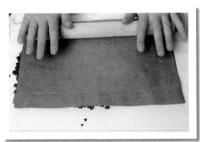

2 用棉布將咖啡豆蓋住，然後用擀麵棍將豆子擀碎。

3 淡奶油煮開後，加入擀碎的咖啡豆。

4 浸泡大約 5 分鐘。

5 泡好後，先將一半過濾到黑巧克力碎中。

6 用打蛋器輕輕攪拌。

7 再將剩餘的一半咖啡奶油過濾到黑巧克力中。

# 黑菌咖啡巧克力
## Truffes au café

· 靜置 5 分鐘左右，讓黑巧克力逐漸融化，再用打蛋器攪拌 (8)。

· 待黑巧克力完全融化後，加入小塊奶油，再拌勻 (9)。

· 將混合物倒入鋪好保鮮膜的長方形模具裡 (10)。

· 封上保鮮膜 (11)。

· 放入冰箱冷凍 2 小時。

### 收尾

· 把 200g 黑巧克力放入夾層鍋中隔水加熱融化。

· 把可可粉倒入一個容器內。

· 將冷凍的咖啡巧克力從冰箱內取出，脫模後，切成長方形小塊 (12)（1 × 2.5 公分）。

· 再放入冰箱冷凍，直到要裹可可粉才取出。

· 裹可可粉時，需先刷些融化的黑巧克力在手掌上 (13)，取一塊咖啡巧克力放在掌上搓，讓表面全部黏上一層融化的黑巧克力 (14)。搓好後，放入可可粉中 (15)，沾好巧克力後，每一個表面再均勻裹上可可粉。

· 最後利用細篩網，將黑菌咖啡巧克力從可可粉中篩出，只要篩掉多餘的可可粉即完成。

8 攪拌，使黑巧克力完全融化。

9 加入奶油。

10 將巧克力醬倒入鋪好保鮮膜的長方形模具裡。

11 封上保鮮膜，避免表面乾燥形成一層硬膜。放入冰箱冷凍 2 小時。

12 將冷凍好的咖啡巧克力切成長方形小塊。

13 在手掌上刷一些融化好的黑巧克力。

14 取一塊切好的咖啡巧克力，放在兩掌間搓揉，讓表面全部沾上一層融化的黑巧克力。

15 然後，放入可可粉中，讓每一個巧克力球表面均勻裹上可可粉。

# 焦糖巧克力
## Caramel au chocolat

· 準備所需材料 (1)。

· 將黑巧克力切碎。

· 在一個厚底鍋中（建議使用銅鍋），倒入淡奶油和黑巧克力碎，然後加入蜂蜜 (2)，和砂糖 (3)。攪拌 (4)，加熱直到所有材料融化，混合均勻一致 (5)。

· 煮開後 (6)，改小火，加熱十幾分鐘左右。

· 取鍋中少許焦糖巧克力溶液放入冰水中，用以測試焦糖是否煮妥了。

準備時間：30 分鐘
烹調時間：約 10 分鐘

材料
可可含量 50% 或 60% 的黑巧克力 125g
淡奶油 200g
蜂蜜 3 大匙
砂糖 200g
鹽花 1 撮

玻璃紙（文具店買得到）

1 準備所需材料。

2 淡奶油、黑巧克力碎和蜂蜜倒入鍋中，小火加熱。

3 然後加入砂糖。

4 用木製鍋鏟攪拌。

5 以中火加熱，直到所有的材料融化，混合均勻。

6 煮開後，改小火，加熱十幾分鐘左右。

# 焦糖巧克力
## Caramel au chocolat

· 將鍋中少量的焦糖巧克力溶液放入冷水中 (7 和 8)：用手指將冰水中的焦糖巧克力揉成小球，確定巧克力球還帶點彈性後 (9)，即可將鍋離火。

· 焦糖巧克力煮好後，加入鹽花 (10)，倒入鋪有保鮮膜的模具中 (11)。

· 表面再封上保鮮膜，置於室溫下放涼，直到變硬 (12)。

· 焦糖巧克力完全冷卻後，從模具中倒出 (13)，切成小塊 (14)，依個人需要，可切成長方形塊或正方形塊 (15)。

· 玻璃紙裁成長方形，將每塊焦糖巧克力包好即成。

7 將少許焦糖巧克力放入冷水中進行測試。

8 也可以在小匙中進行測試。

9 用手指把冰水中的焦糖巧克力揉搓成小球,必須有點硬度卻還帶點彈性,即可將鍋離火。

10 加入鹽。

11 將焦糖巧克力倒入鋪有保鮮膜的模具中。

12 置於室溫下,直到巧克力變涼、變硬。

13 拽住模具邊緣的保鮮膜,即可將完全冷卻的焦糖巧克力從模具中倒出。

14 將焦糖巧克力放到砧板上,取一把利刀將它切成小塊。

15 切成所需的形狀後,包裝妥當即可。

49

# 鮮薄荷巧克力
## Ganache menthe fraîche

- 準備所需材料。

- 將淡奶油放入鍋中，加熱煮開。

- 鍋離火，用剪刀把薄荷葉片剪碎，放入奶油鍋中，浸泡 5 分鐘 (1)。

- 將黑巧克力切碎，放入一個容器內。

- 把浸了薄荷葉的奶油過濾到黑巧克力碎容器內 (2)。

- 靜置 2 分鐘左右，讓黑巧克力融化。然後用橡皮刮刀攪拌奶油和黑巧克力，拌至均勻滑順 (3)。

- 再加入小塊奶油，攪拌均勻 (4)。

- 在 2 個烤盤上鋪好烘焙紙，把做好的巧克力醬裝入帶花嘴的擠花袋中，然後在烘焙紙上擠出小球形 (5 和 6)；這個步驟也可以利用小匙完成。

- 整張烘焙紙都擠滿後，用保鮮膜小心蓋好 (7)。

- 取一只玻璃杯，輕輕將杯底壓在每個小巧克力球表面，使球面呈圓餅狀 (8)。

- 冷凍至少 1 小時，讓它凝固。

**製作水晶薄荷葉**

- 用刷子蘸上蛋白，在每片薄荷葉的兩面薄薄刷上一層 (9)，然後將薄荷葉放在砂糖裡，兩面都沾上砂糖。再放到鋪了烘焙紙的烤盤上，風乾一晚 (10)。

- 食用前，用水晶薄荷葉裝飾巧克力即可。

Tips

- 如果室內無法維持恆溫，可以將做好的薄荷巧克力裝入密封容器內，收入冰箱冷藏。

準備時間：30 分鐘
水晶薄荷葉乾燥時間：1 晚
巧克力醬放置時間：1 小時

材料
淡奶油 250g
薄荷葉 30 片
可可含量 60% 或 70% 的黑巧
克力 400g
奶油 50g

## 水晶薄荷葉

薄荷葉（中等大小）40 片
蛋白 1 個
砂糖 150g

1 淡奶油煮開；把薄荷葉片剪碎，放入奶油鍋中浸泡。

2 把浸泡薄荷葉的奶油過濾到黑巧克力碎容器內。

3 用橡皮刮刀將奶油和黑巧克力攪拌均勻，至質地潤滑，表面光亮的程度。

4 加入奶油。

5 把做好的巧克力醬裝入擠花袋中，然後在鋪有烘焙紙的烤盤上擠成小球形。

6 擠好後的樣子如圖所示。

7 用保鮮膜小心將其覆蓋。

8 利用小玻璃杯底部，輕輕在每個小巧克力球表面按壓，使其呈圓餅狀後，放涼變硬。

9 在每片薄荷葉的兩面刷上一層薄薄的蛋白。

10 將薄荷葉放入砂糖裡，兩面都裹上砂糖。放入鋪有烘焙紙的烤盤上，風乾一晚。

# 萊姆巧克力

## Ganache au citron vert

· 準備所需材料。

· 將白巧克力切碎,隔水加熱至融化 (1)。

· 用刨刀刨萊姆皮,取皮碎。接著,萊姆擠汁。將奶油倒入鍋中,加熱煮開。

· 在熱巧克力中加入萊姆皮碎 (2)。奶油是熱的,所以要分批將熱奶油倒入巧克力中。

· 利用木勺不停地攪拌 (3),最後加入萊姆汁 (4)。

· 將萊姆巧克力醬拌至均勻滑順 (5)。

· 在模具裡鋪上一層保鮮膜,倒入萊姆巧克力醬 (6)。

· 放入冰箱冷藏,至少靜置 1 小時。

### 收尾

· 將 100g 白巧克力隔水加熱融化。當萊姆巧克力醬凝固變硬後,即可從冰箱取出。扯掉保鮮膜即可脫模,將巧克力放在工作檯上。

· 舀 3 大匙融化的白巧克力,倒在萊姆巧克力表面 (7),再用抹刀將融化的白巧克力抹平 (8)。

· 待表面的白巧克力凝固變硬,即可將整塊的萊姆巧克力翻面,按前面的步驟再抹上一層融化的白巧克力(融化的白巧克力能夠將整塊萊姆巧克力覆蓋住即可),待其凝固。

· 將整塊的萊姆巧克力切成需要的形狀。

· 在巧克力表面撒上一層糖粉 (9)。放入冰箱冷藏。趁新鮮食用 (10)。

### Tips

· 如果室內無法保持恒溫,可將做好的萊姆巧克力裝入密封盒內,放冰箱冷藏。

準備時間：20 分鐘
放置時間：1 小時

材料
優質白巧克力 400g
萊姆 1 個
淡奶油 100g

**收尾**
白巧克力 100g
糖粉 50g

1 將白巧克力隔水加熱至融化。

2 將萊姆皮碎加入融化的白巧克力中，再加入熱奶油。

3 用木勺輕輕攪拌。

4 加入萊姆汁。

5 將萊姆巧克力醬攪拌均勻，拌至滑順。

6 在模具裡鋪上一層保鮮膜，倒入萊姆巧克力醬，然後放入冰箱冷藏。

7 萊姆巧克力醬變硬定型後脫模，放到工作檯上，在表面倒上融化的白巧克力。

8 將融化的白巧克力抹平。

9 將一整塊萊姆巧克力翻面，切成小塊，表面撒上糖粉。

10 圖為做好的萊姆巧克力。

# 鹹奶油焦糖脆巧克力

## Coques de chocolat, caramel au beurre salé

- 準備所需材料 (1)。

- 先做鹹味奶油焦糖。

- 將砂糖倒入一個厚底鍋中，中火加熱至融化。

- 然後加入蜂蜜 (2)，繼續加熱 (3)。

- 當焦糖轉變成桃花心木的顏色時，即可分批加入淡奶油 (4)（注意，這時焦糖會快速膨脹）。

- 一邊用木勺不停地攪拌，直到將所有的奶油倒入。

- 以中火續煮 2 分鐘，至焦糖達到所需的稠度。

- 鍋離火，加入奶油 (5)。

- 拌至完全融化，再加入鹽花 (6)。

- 舀少許鹹味奶油焦糖淋在盤子上 (7) 檢查：焦糖會凝固變硬，同時必須維持相當的柔軟。

- 將做好的鹹奶油焦糖倒入一個容器內，冷卻 (8)。

份量：12 個
準備時間：30 分鐘
放置時間：約 1 小時

材料
可可含量 55% 的
黑巧克力 200g

**焦糖內餡**
砂糖 100g
蜂蜜 1 大匙
淡奶油 5 大匙

奶油 80g
鹽花 2 撮

**收尾**
可可含量 60% 或 70 的黑
巧克力 1 片

1 準備所需材料。

2 將砂糖倒入厚底鍋中，中火加熱至融化。然後加入蜂蜜。

3 繼續加熱，直到變成桃花心木的顏色。

4 這時即可分次加入淡奶油熬煮，煮開 2 分鐘。

5 離火，加入奶油丁。

6 攪拌至奶油完全融化後，加入鹽花。

7 舀少許的鹹奶油焦糖淋在盤子上檢查火候。

8 將做好的鹹奶油焦糖倒入一個容器內，冷卻。

# 鹹奶油焦糖脆巧克力
## Coques de chocolat, caramel au beurre salé

· 接下來製作巧克力脆殼。

· 準備製作調溫黑巧克力（參考第 12 頁）。

· 用刷子蘸上融化的調溫巧克力，刷在蛋形塑膠模具的內壁上 (9)。

· 第一遍刷的黑巧克力不要太厚，等它逐漸凝固後再刷第二遍 (10)。

· 然後放入冰箱先冷藏 10 分鐘，再冷凍 30 分鐘。

· 然後取出，小心地將黑巧克力蛋殼從模具中取出 (11 和 12)。

· 將之前做好的焦糖內餡裝入黑巧克力蛋殼中 (13)。

· 用小刀從黑巧克力片上刮些巧克力屑，放在焦糖餡的表面裝飾即可 (14)。

9 用刷子蘸上融化的調溫黑巧克力，刷在蛋形塑膠模具內壁上。

10 第一遍不要刷得太厚，等黑巧克力逐漸凝固後再刷第二遍。靜置 40 分鐘等它變硬。

11 小心地將黑巧克力蛋殼從模具中取出。

12 黑巧克力蛋殼應該不會黏在模具上。

13 將黑巧克力蛋殼翻過來：將之前做好的焦糖內餡裝入蛋殼中。

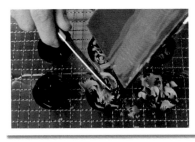

14 用小刀從黑巧克力片上刮些巧克力屑，放在焦糖內餡的表面裝飾。

# 榛果巧克力
## Rochers praliné

**自製糖衣榛果碎**

· 烤箱預熱至 180°C。

· 將全部的榛果放到鋪有烘焙紙的烤盤上,烤十幾分鐘。

· 再用手指揉搓,將榛果表皮搓掉。

· 將這些去皮的榛果,依糖衣榛果碎、內餡、包覆時所需材料分別稱重。

· 把香草豆莢對剖成 2 片,刮下裡面的香草籽。

· 在鍋裡(建議使用銅鍋)放入 ½ 的砂糖和香草豆莢與香草籽,中火加熱,同時不停地攪拌 (1)。

· 糖逐漸融化,開始變色時,加入另外 ½ 砂糖,同時要不停地攪拌,直到混合均勻 (2)。

· 當全部糖融化明顯變成深棕色即可離火,撈掉香草豆莢 (3)。

· 加入去皮的榛果 (150g)與焦糖充分拌勻,讓榛果表面完全被焦糖裹住 (4)。

· 將鍋內焦糖榛果倒在不沾矽膠烤盤墊上(或烘焙紙上)(5)。

· 放涼。

· 焦糖榛果放涼後,掰成一塊塊,再打成糊 (6、7 和 8)。

· 這段期間,將牛奶巧克力和黑巧克力(20g)隔水加熱至融化,注意避免溫度過高,只要比手指的溫度高點就可以了。

份量：30 個
準備時間：40 分鐘
烹調時間：10 分鐘
放置時間：約 2 小時

材料
**糖衣榛果碎**
整粒榛果 150g
香草豆莢 1 根
砂糖 130g
牛奶巧克力 80g
可可含量 50% 或 60% 的
黑巧克力 20g

**內餡**
榛果 80g

**包覆**
榛果 50g
可可含量 50% 或 60% 的黑巧克力 400g
粗粒糖衣榛果碎 50g

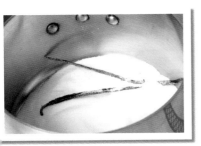

1 在銅鍋裡放入 ½ 的砂糖和香草豆莢與香草籽。

2 糖逐漸融化，開始變色時，加入剩下 ½ 的砂糖。

3 當全部的糖融化，變成深棕色即可離火，撈出香草豆莢。

4 加入去皮的榛果，與焦糖充分混合。

5 將鍋內焦糖榛果倒在不沾矽膠烤盤墊上或烘焙紙上。

6 待焦糖榛果放涼後，倒入食物調理機中。

7 攪 10 分鐘。

8 圖為攪成糊狀的焦糖榛果。

# 榛果巧克力
## Rochers praliné

· 焦糖榛果打成糊後，倒入一個容器內，再加入融化的巧克力 (9)。

· 攪拌均勻後裝入擠花袋，擠入半球體的模具中（或其他形狀的模具：如製冰盒）(10)。

· 將一粒粒榛果放入每個模具裡的巧克力焦糖榛果醬中，用牙籤推一下 (11)。

· 在模具表面鋪上一層烘焙紙，烘焙紙上放一個烤盤壓住，這樣才能讓整粒的榛果保持在巧克力焦糖榛果醬裡面，避免露出巧克力醬外。

· 放入冰箱冷藏 2 小時。

**準備包覆**

· 取 50g 的去皮榛果，切很碎。

· 將 400g 的黑巧克力融化（參考第 12 頁），調溫。然後加入榛果碎和粗粒糖衣榛果碎 (12)。

· 從冰箱取出巧克力焦糖榛果，脫模。將 2 個半球形巧克力焦糖榛果對合在一起，形成一個完整的球形 (13)。

· 使用小叉子，將每個巧克力焦糖榛果球完全浸入融化的黑巧克力中，然後瀝掉多餘的黑巧克力，再滑脫到烘焙紙上 (14)。

· 冷凍後即可食用 (15)。

Tips

· 將做好的榛果巧克力先放一晚再食用，嘗起來滋味更美。

9 將融化的巧克力倒入焦糖榛果糊中。

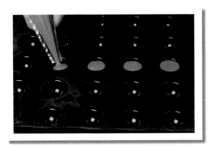
10 攪拌均勻後，將混合物裝入擠花袋中，再擠入半球體的模具中。

11 將一粒粒完整的榛果放入每個模具裡的巧克力焦糖榛果醬中，再用牙籤推一下。

12 在融化的黑巧克力內加入榛果碎和粗粒糖衣榛果碎，充分混合均勻。用以包裹巧克力焦糖榛果球。

13 從冰箱內取出巧克力焦糖榛果，脫模。將 2 個半球形巧克力焦糖榛果對合在一起，形成一個完整的球形。然後包覆榛果黑巧克力。

14 利用叉子，叉起每個巧克力焦糖榛果球，瀝掉多餘的黑巧克力，滑脫到烘焙紙上。

15 冷凍後即可食用。

# 小碗薰衣草巧克力
## Petits pots de chocolat à la lavande

· 準備所需材料 (1)。

· 將牛奶和奶油一起倒入鍋中，加熱。

· 煮開後離火，加入薰衣草花，同時一邊攪拌，浸泡 5 分鐘，不要覆蓋 (2)。

· 將巧克力切碎，放入一個容器內。

· 把蛋白和蛋黃分開 (3)。

· 蛋黃與砂糖放在一起 (4)，輕輕攪拌 (5)。

· 鍋重新放到火上加熱至奶油牛奶混合物煮開，然後離火。

· 倒入拌好的砂糖蛋黃，不停地攪拌 (6)。

份量：10 個
準備時間：20 分鐘
浸泡時間：5 分鐘
放置時間：至少 3 小時

材料
牛奶 250ml
淡奶油 250g
薰衣草花（新鮮或乾燥）1 小匙
可可含量 70% 的黑巧克力 180g
蛋黃 4 個
砂糖 80g

1 準備所需材料。

2 將奶油牛奶煮開後離火，加入
薰衣草花攪拌，浸泡 5 分鐘。

3 把蛋白和蛋黃分開。

4 蛋黃與砂糖放在一起。

5 攪拌均勻即可，應該避免攪打
過度。

6 當薰衣草花浸泡好後，將鍋重
新放到火上加熱至奶油牛奶煮
開，然後倒入拌好的砂糖蛋
黃，不停地攪打。

# 小碗薰衣草巧克力
## Petits pots de chocolat
## à la lavande

- 再次以小火加熱。用木勺不停攪拌，直到混合液逐漸變濃稠 (7)，即可停止加熱。

- 用細篩網將混合液過濾到另一個容器中 (8)。

- 一邊分批倒入切碎的黑巧克力中，一邊攪拌。

- 直到黑巧克力全部融化 (9、10、11 和 12)。

- 薰衣草奶油巧克力混合均勻後 (13)，即可裝入小碗中 (14)。放入冰箱冷藏，至少 3 個小時後再食用。

7 圖為煮好後的狀態（質地變得黏稠）。

8 用細篩網將混合物過濾到另外一個容器內。

9 然後再分次倒入切碎的黑巧克力中。

0 用打蛋器攪拌。

11 加入剩餘的薰衣草奶油醬。

12 繼續在容器的中心攪拌。

3 直到薰衣草奶油巧克力完全混合均勻。

14 將巧克力裝入小碗中。

# 脆皮巧克力角

## Samossas au chocolat

- 準備所需材料 (1)。

- 將回溫後的奶油和砂糖一起放入小容器內,充分攪拌直到混合均勻,質感柔滑 (2)。

- 打一個蛋下去 (3),攪拌後加入椰子粉和麵粉 (4)。

- 攪拌均勻後加入第二個蛋 (5),重新攪拌 (6)。

- 取刮刀,從巧克力表面刮下巧克力屑,加到之前做好的奶油雞蛋麵糊中 (7)。最後加入過細篩網的可可粉,攪拌均勻 (8),做成椰蓉巧克力餡。

- 烤箱預熱至 210°C。

份量：20 個
準備時間：25 分鐘
烹調時間：10 分鐘

材料
奶油（室溫回軟）100g
砂糖 100g
蛋 2 個
椰子粉 100g
麵粉 1 大匙
可可含量 60% 或 70% 的黑
巧克力 30g
可可粉 20g

**組合及內餡**
奶油 50g
薄麵餅 10 張
香蕉 2 根
糖粉 50g

1　準備所需材料。

2　將回溫後的奶油和砂糖一起放
到一個容器內，充分攪拌直到
混合均勻。

3　加入第一個蛋，攪拌。

4　加入椰子粉和麵粉，攪拌。

5　加入第二個蛋。

6　攪拌均勻。

7　用刨刀從巧克力表面刨下巧克
力屑，加到之前做好的奶油雞
蛋麵糊中。

8　最後加入過細篩網的可可粉，
拌勻。

# 脆皮巧克力角
## Samossas au chocolat

組合

· 先將奶油融化。

· 再將整疊的薄餅皮切成 6 公分寬的長條 (9)。

· 在每一條薄麵餅的表面刷上融化的奶油 (10)。

· 然後把所有的長條薄麵餅疊放在一起，避免乾燥 (11)，在長條薄麵餅的一頭斜刀切出一個角。

· 在這個角的旁邊放入一小匙椰蓉巧克力餡和一片香蕉 (12)，然後從這個角開始折疊，同時將頂端的這個角邊緣黏住 (13、14 和 15)。

· 在折疊到最後一片時，可以在薄麵餅表面刷一點奶油 (16)，或放一點椰蓉巧克力餡，才黏得牢。

· 這地方要注意，一定要將內餡全部包裹在薄麵餅內 (17)。

· 把做好的巧克力角排放在不沾烤盤上（或鋪好烘焙紙的烤盤上）。

· 在表面上撒一層糖粉 (18)，放入烤箱烤 10 分鐘，烤到一半時需轉動一次烤盤方向。

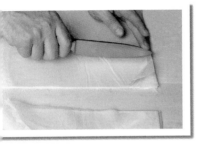

9 將整落薄餅皮切成 6 公分寬的長條。

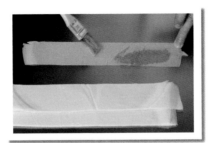

10 在每條薄麵餅的表面刷上融化的奶油。

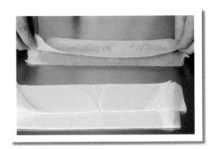

11 把所有長條薄麵餅疊放在一起,避免乾掉。

12 在長條薄麵餅的一頭斜刀切出一個角。在這個角的旁邊放入 1 小匙椰蓉巧克力內餡和一片香蕉。

13 開始折疊。

14 繼續折疊,注意保持麵餅邊緣的乾淨,沒有內餡。

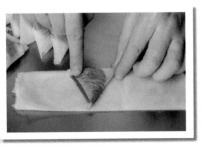

15 每個角都用手輕輕按壓。

16 折疊到最後一部分時,在麵餅上面刷上奶油,沾黏封口。

17 一定要將餡全部包在薄麵餅裡面,避免烘烤時流出。

18 將做好的巧克力角排放在烤盤上,表面上撒一層糖粉,放入 210°C 烤箱烤 10 分鐘。

# 巧克力椰蓉
# 蛋白霜手指餅乾
## *Doigts de feé*

· 將 40g 的椰子粉和糖粉混合，然後用細篩網過篩 (1)。

· 烤箱預熱至 90°C。

· 把蛋白倒入不鏽鋼攪拌碗內（當然你也可以選擇手打）

· 將蛋白打到至濕性發泡 (2)，當蛋白打發後分批將砂糖倒入。

· 將全部的砂糖加入蛋白後 (3 和 4)，繼續打，直到打發的蛋白變得緊實、雪白、光亮且帶珍珠光澤 (5)。

· 停止攪拌，加入過篩的糖粉和椰子粉 (6)，用橡皮刮刀輕輕攪拌 (7)。

準備時間：30 分鐘
烹調時間：3 小時

重點工具
擠花袋 1 個
平頭圓口花嘴 1 個

材料
椰子粉 40g
＋椰子粉（撒在表面）40g
糖粉 100g
蛋白 4 個
砂糖 120g

**收尾**
可可含量 70% 的黑巧克力
200g

1 將椰子粉和糖粉混合，然後將其過細篩網。

2 將蛋白打發。

3 當蛋白打至起泡後，加入少量的砂糖。

4 然後分批把剩餘的砂糖加入。

5 圖為打發的蛋白。

6 加入過篩的糖粉和椰子粉。

7 用橡皮刮刀輕輕攪拌。

# 巧克力椰蓉
# 蛋白霜手指餅乾
## *Doigts de feé*

· 把所有材料攪拌均勻後，即可將椰蓉蛋白霜裝入擠花袋 (8)。

· 在烤盤的四個角分別擠一點椰蓉蛋白霜 (9)，然後鋪上一層烘焙紙 (10)，將四個角黏住，避免在烘烤過程中因熱風吹動，影響餅乾的品質。

· 將椰蓉蛋白霜擠在烘焙紙上，擠成 6 公分左右的長條 (11 和 12)。

· 擠滿整張烘焙紙後，在表面撒上椰子粉 (13)。

· 放入烤箱烤 3 小時左右。從烤箱取出的椰蓉蛋白霜手指餅乾應該完全乾燥，但是沒有上色。

· 在烤完椰蓉蛋白霜手指餅乾後，準備融化黑巧克力（參考第 12 頁）。

· 將每根椰蓉蛋白霜手指餅乾的一半蘸上融化的黑巧克力，然後與另外一根反向黏在一起 (14)。

· 最後放到烘焙紙上，待巧克力完全凝固後，即可食用。

· 可將手指餅乾收入密封的鐵盒中保存。

*8* 將攪拌均勻的椰蓉蛋白霜裝入擠花袋。

*9* 在烤盤的四個角分別擠一點椰蓉蛋白霜。

*10* 上面鋪一層烘焙紙。

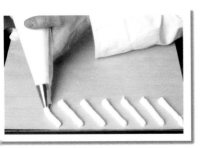

*11* 將椰蓉蛋白霜擠在烘焙紙上，成長條狀。

*12* 圖為擠好後一條一條的椰蓉蛋白霜。

*13* 在椰蓉蛋白霜長條表面撒上椰子粉。放入 90°C 的烤箱烤 3 小時。

*14* 待烤熟的椰蓉蛋白霜手指餅乾變涼後，將每根餅乾的一半蘸上融化的黑巧克力，放涼後即可食用。

# 巧克力鬆糕
## Muffins au chocolat

- 準備所需材料 (1)。

- 烤箱預熱至 210°C。

- 將黑巧克力切碎，與奶油一起隔水加熱融化 (2)。

- 將黑巧克力和奶油攪拌均勻至滑順即可 (3)。

- 將蛋打在一個容器內，加入砂糖 (4)，充分攪打 5 分鐘，打至發白 (5)（這個步驟可用攪拌機完成）。

- 打發後，加入先前拌好的黑巧克力和奶油，再用打蛋器拌勻 (6)。

份量：12 個
準備時間：20 分鐘
烹調時間：12 分鐘

材料
可可含量 50% 或 60% 的黑巧克力 100g
奶油 110g
蛋 4 個
砂糖 150g
麵粉 60g
無糖可可粉 1 大匙
覆盆子（新鮮或冷凍）20 個

香蕉 1 根
＋奶油和麵粉（用於模具）少許

**收尾**
可可含量 60% 或 70% 的黑巧克力 100g

1　準備所需材料。

2　將黑巧克力切碎，與奶油一起隔水加熱融化。

3　將完全融化的黑巧克力和奶油拌勻。

4　取一只碗，蛋打入碗中，加入砂糖。

5　充分攪打，打至發白。

6　打發後，加入先前攪拌好的黑巧克力和奶油，利用打蛋器攪拌均勻。

# 巧克力鬆糕

## Muffins au chocolat

- 用細篩網,將麵粉和可可粉一起篩到之前混合好的巧克力混合物中 (7)。

- 攪拌均勻 (8)。

- 將奶油均勻抹在鬆糕模具內,並撒上一層乾麵粉。

- 用湯勺將做好的巧克力麵糊舀入鬆糕模具內,並在每個裝好的巧克力麵糊表面放一粒覆盆子 (9)。

- 表面再插入 ½ 片香蕉片 (10)。

- 放入烤箱,烤 12 分鐘左右。

- 巧克力鬆糕烤熟後,待完全冷卻後再脫模。

收尾

- 最後將每個鬆糕的底部沾上融化的巧克力 (11 和 12) 即可。

7 將麵粉和可可粉一起過篩到之前混合好的巧克力混合物中。

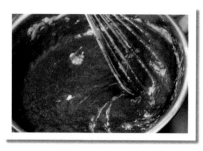

8 用打蛋器攪拌均勻。

9 用湯勺將做好的巧克力麵糊裝入鬆糕模具內,並在每一個裝好的巧克力麵糊表面放一粒覆盆子。

10 表面再插入 ½ 片香蕉片,然後放入 210°C 的烤箱中,烤 12 分鐘。

11 待烤熟的鬆糕完全冷卻,即可蘸融化的巧克力。

12 可選擇將一半的鬆糕蘸上融化的巧克力,另外一半的鬆糕保持原狀。

# 覆盆子巧克力餅乾
## Diamants chocolat framboise

- 烤箱預熱至 180°C。

- 準備製作巧克力沙布蕾麵團：首先，用細篩網將麵粉篩到工作檯上。

- 加入切成小塊的奶油、砂糖、磨好的肉桂粉和可可粉 (1)。

- 然後用雙手將所有材料混合，輕輕揉 (2 和 3)。

- 把所有材料混合均勻後，揉成巧克力沙布蕾麵團 (4)。

- 然後將巧克力沙布蕾麵團平均分成 2 份，分別搓成粗細一致的長條 (5)。

- 當 2 條麵團長短一致時，再將一條分為二 (6)，然後放在紅砂糖裡滾一滾 (7)。

- 然後靜置，放入冰箱醒麵 30 分鐘，直到麵團變緊實，便於放在砧板上切塊。

- 將巧克力沙布蕾麵皮條從冰箱取出，切成 1cm 寬的厚片 (8)。

- 將每片巧克力沙布蕾麵團放在鋪有烘焙紙的烤盤上，烤 15～20 分鐘。烤熟後，放涼再進行裝飾。

### 收尾

- 將巧克力隔水加熱或以微波爐加熱至融化。

- 取½ 小匙的覆盆子果醬放在一片餅乾上面 (9)。

- 最後，將一個覆盆子頭朝下放在巧克力餅堅果醬上面。

- 做一個烘焙紙擠花袋（參考第二冊），或用一支茶匙將融化的巧克力灌入每個覆盆子內 (10)。

### Tips

- 自製覆盆子果醬：在鍋中倒入 250g 整粒的覆盆子（有輕微破損沒關係），75g 的果醬糖（含凝膠劑）和幾滴檸檬汁，然後以中火加熱，同時用木勺不停地攪拌，直到變濃稠即可。

準備時間：30 分鐘
放置時間：30 分鐘
烹調時間：15 ～ 20 分鐘

材料
麵粉 210g
奶油 150g
砂糖 75g

肉桂粉 1 大匙
可可粉 1 大匙

紅砂糖 200g

**收尾**
可可含量 70% 的黑巧克力 60g
覆盆子果醬 200g
新鮮覆盆子 1 小盒

1　用細篩網將麵粉篩到工作檯上，加入切成小塊的奶油、砂糖、肉桂粉和可可粉。

2　輕輕地揉，用雙手將所有材料混合。

3　將奶油與粉類材料完全混合。

4　直到揉成均勻的巧克力沙布蕾麵團。

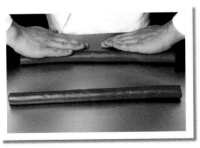

5　將麵團分兩等分，在工作檯上（撒一層麵粉，不撒也可）搓成 2 根粗細一致的長條。

6　將長條一分為二，以利操作。

7　將長條麵團放入紅砂糖裡，表面沾滿紅砂糖。然後放入冰箱冷藏，直到變硬。

8　將麵條捲從冰箱取出，切成 1cm 厚的麵片。將麵片放烤盤上，放預熱至 180℃ 的烤箱，烤 15 ～ 20 分鐘。

9　烤好的巧克力甜沙酥餅乾放涼後，取 ½ 小匙的覆盆子果醬放在一片餅乾上。

10　將覆盆子頭朝下放在果醬上面，裡面灌入融化的巧克力。

# 巧克力金磚蛋糕
## Financiers chocolat

· 準備所需材料。

· 烤箱預熱至 210°C。

· 奶油放入一個厚底鍋中，以中火加熱至其融化變色：奶油加熱後會逐漸變成金褐色，出現榛果味道。

· 這時即可用細篩網 (1) 篩到一個容器中，放涼備用。

· 把黑巧克力切碎，隔水加熱至融化。

· 取細篩網，將糖粉、杏仁粉和麵粉篩到一個容器內 (2)。

· 加入蛋白，用木勺將所有材料拌勻 (3)。

· 再倒入融化後的溫熱奶油 (4) 和融化的黑巧克力 (5)。

· 將巧克力麵糊拌勻 (6)。

· 在每個金磚模具內抹上薄薄的一層奶油，利用小勺將巧克力麵糊舀入模具內 (7)。然後拿起模具在棉布上輕拍，使模具中的巧克力麵糊均勻且扎實 (8)。

製作餡料

· 將榛果粗略切碎。

· 把 4 種堅果混合後，撒在模具中的巧克力麵糊表面 (9)。

· 再把表面的堅果輕輕壓入巧克力麵糊中 (10)。放入烤箱，烤 15 分鐘左右。

Tips

· 可提前一天將巧克力麵糊做好，在烘烤前撒上堅果餡料即可。

份量：約 20 塊
準備時間：20 分鐘
烹調時間：15 分鐘

材料
奶油 150g
可可含量 60% 或 70% 的
黑巧克力 160g
糖粉 100g
杏仁粉 120g

麵粉 50g
蛋白 5 個
＋奶油（用於塗抹在模具
上）少許

**堅果餡**
去皮榛果 50g
整粒開心果 50g
松子 50g
杏仁片 25g

1 將奶油放入鍋中，中火加熱至
融化變棕色。然後用細篩網過
濾到一個容器中，放涼備用。

2 將糖粉、杏仁粉和麵粉過細篩
網到一個容器內。

3 加入蛋白，用木勺將所有材料
攪拌均勻。

4 倒入融化後溫熱的奶油，繼續
攪拌。

5 再倒入融化的黑巧克力。

6 圖為混勻的巧克力麵糊。

7 在每個金磚模具內抹上薄薄一
層奶油，用小勺將巧克力麵糊
舀入模具內。

8 拿起模具在棉布上輕輕拍，使
模具中的巧克力麵糊分布均勻
且扎實。

9 把 4 種堅果混合，撒在模具中
的巧克力麵糊表面。

10 把堅果輕輕壓入巧克力麵糊
中。放入預熱至 210°C 烤箱
中，烤 15 分鐘左右。

# 巧克力瑪德蓮小蛋糕
## Madeleines chocolat

· 準備所需材料 (1)。

· 取一只厚底鍋，放入奶油，中火加熱至奶油融化變色：奶油加熱後會逐漸變成金褐色，跑出榛果味。

· 這時即可用細篩網 (2) 過濾到一個容器中，放涼備用。

· 取一把大刀將巧克力切成碎塊。

· 把蛋打入一個容器內，加入香草精 (3)。

· 再加入砂糖，打勻 (4)。

· 倒入蜂蜜，繼續攪拌 (5)。

份量：20 塊
準備時間：20 分鐘
烹調時間：12 分鐘
麵糊靜置時間：2 小時

材料
奶油 140g
可可含量 60% 或 70% 的
黑巧克力 40g

蛋 2 個
液體香草精 1 小匙
砂糖 90g
蜂蜜 2 大匙
麵粉 140g
發粉 1 小匙
無糖可可粉 20g
＋奶油（用於塗抹在模具上）少許

收尾
可可含量 60% 或 70%
的黑巧克力 100g

1 準備所需材料。

2 將奶油放入鍋中，中火加熱至融化，變成金棕色。然後用細篩網過濾到一個容器中，放涼備用。

3 把蛋打在一個容器中，加入香草精。

4 加入砂糖，用打蛋器打勻。

5 再倒入蜂蜜且不停地攪拌。

# 巧克力瑪德蓮小蛋糕

## Madeleines chocolat

· 把麵粉、發粉和可可粉一起用細篩網過篩 (6)。然後將其倒入之前攪拌均勻的香草砂糖蛋液中 (7)。充分攪拌均勻 (8) 後,倒入融化後溫熱的奶油 (9)。

· 再次攪拌,同時加入巧克力碎塊 (10)。

· 把做好的巧克力麵糊用保鮮膜封好,靜置於常溫下醒麵 2 小時。

· 將烤箱預熱至 210°C。

· 在瑪德蓮模具內抹上一層薄薄的奶油,再取湯勺舀取巧克力麵糊裝入 (11)。

· 放入烤箱烤 12 分鐘。

· 烤好後,取出放涼再脫模。

· 巧克力先隔水加熱融化,融化後的巧克力應與指溫一致;再將每塊瑪德蓮蛋糕底部蘸上融化的巧克力 (12),即可食用。

6 用細篩網，把麵粉、發粉和可可粉過篩到一個容器內。

7 然後將其倒入之前攪拌均勻的香草砂糖蛋液中。

8 充分拌勻。

9 倒入融化後溫熱的奶油。

10 再次攪拌，同時加入巧克力碎塊。把做好的巧克力麵糊靜置，醒麵2小時。

11 在瑪德蓮模具內抹上一層薄的奶油，然後用一把湯勺將巧克力麵糊舀入。放入210℃的烤箱，烤12分鐘。

2 烤熟的瑪德蓮蛋糕先放涼，底部再蘸上融化的巧克力。

# 栗子咖啡布朗尼蛋糕
## Brownies café marron

- 準備所需的材料 (1)。

- 烤箱預熱至 180°C。

- 把黑巧克力切碎，然後隔水加熱至完全融化 (2)。

- 將榛果粗略切碎。

- 奶油切成小塊，拌勻成軟膏狀。

- 倒入砂糖 (3)，攪拌。

- 攪拌均勻後，加入 2 個蛋 (4)，繼續攪拌。然後把過篩的麵粉加入其中 (5)。

- 再加入即溶咖啡 (6 和 7)。

準備時間：30 分鐘
烹調時間：20 分鐘
放置時間：10 分鐘

材料
可可含量 50% 或 60% 的黑
巧克力 150g
去皮榛果 50g
奶油（室溫回軟）100g
砂糖 100g
蛋 2 個
麵粉 40g
即溶咖啡 10g

收尾
栗子蓉 80g
可可含量 60% 或 70% 的黑
巧克力 100g
葵花籽油 1 大匙

1 準備所需材料。

2 把黑巧克力切碎，隔水加熱至其完全融化。

3 把回溫後的奶油和砂糖攪拌在一起。

4 然後加入 2 個蛋。

5 麵粉過篩加入其中，攪拌。

6 再加入即溶咖啡。

7 攪拌均勻，直到即溶咖啡溶解為止。

# 栗子咖啡布朗尼蛋糕

## Brownies café marron

- 將融化的黑巧克力 (8)，加入之前做好的咖啡雞蛋麵糊中 (9)，再倒入切碎的榛果 (10)，拌勻。

- 倒入內壁抹過奶油和麵粉的模具中 (11)。

- 放入烤箱，烤 20 分鐘左右 (12)。

- 咖啡布朗尼蛋糕烤好後，從烤箱取出，放涼後即可脫模。

### 收尾

- 當咖啡布朗尼蛋糕完全放涼後，放到烘焙紙上。

- 在表面均勻抹上栗子蓉 (13)，抹平。

- 將融化的黑巧克力和葵花籽油混合，攪拌均勻。

- 將黑巧克力泥倒在咖啡布朗尼蛋糕上 (14)；用抹刀抹平 (15)。

- 然後放入冰箱冷藏 10 分鐘，再取出切成長方形小塊即可 (16)。

8 黑巧克力必須完全融化後，才可以加入之前做好的咖啡雞蛋麵糊中。

9 加入融化的黑巧克力後要不停地攪拌。

10 倒入切碎的榛果。

11 將混合物倒入內壁抹過奶油和麵粉的模具中。放入預熱至180℃ 的烤箱，烤 20 分鐘。

12 咖啡布朗尼蛋糕烤好後（表面是漂亮的巧克力色），從烤箱取出。

13 待咖啡布朗尼蛋糕完全冷卻後，在表面抹上栗子蓉。

14 將融化的黑巧克力和葵花籽油混合，攪拌均勻後，倒在咖啡布朗尼蛋糕表面。

15 用抹刀將栗子蓉抹平，蛋糕冷藏 10 分鐘。

16 蛋糕取出後切成長方形小塊即可。

# 蘋果巧克力蛋糕
## Brioche chocolat

· 準備所需材料 (1)。

· 把新鮮酵母放入一個容器內，用手將酵母掰碎。

· 然後加入牛奶，用打蛋器攪拌混合，溶解酵母 (2)。

· 再加入麵粉、可可粉、砂糖、鹽和全蛋 (3)。

· 用木勺攪拌所有材料 (4)，直到形成均勻一致的麵團 (5)。

· 加入回溫後的奶油，繼續攪拌 (6)。

· 攪拌均勻後，屈指成鉤，反覆和麵，和到麵團富彈性即可 (7)。

· 這個揉麵的過程歷時約 5～10 分鐘。

· 麵團和好後，放入大一點的容器內，表面撒些乾麵粉 (8)。

· 放入冰箱，靜置醒麵 2 小時。

· 直到麵團脹發至之前的 2 倍 (9)。

準備時間：40 分鐘
麵團靜置時間：2 小時
麵團醒發時間：40 分鐘
烹調時間：25 分鐘

材料
新鮮酵母 20g
牛奶 2 大匙
麵粉 300g
無糖可可粉 30g
砂糖 50g
精鹽 2 撮
蛋 3 個
奶油（室溫回軟）200g

**配料及收尾**
黃蘋果 4 個
蔗糖 3 大匙
肉桂粉 1 小匙
奶油 80g
糖粉 3 大匙

1 準備所需材料。

2 用牛奶溶化酵母。

3 加入麵粉、可可粉、砂糖、鹽和蛋。

4 用木勺攪拌均勻。

5 直到混合物形成緊實且帶韌性的麵團。

6 然後，加入回溫後的奶油，繼續攪拌。

7 最後，用手反覆揉麵，揉到麵團富彈性。

8 麵團和好後，放入一個較大的容器內，表面撒些乾麵粉，放入冰箱靜置，醒麵 2 小時。

9 直到麵團脹發為之前的 2 倍。

# 蘋果巧克力蛋糕
## *Brioche chocolat*

- 在工作檯上撒一層薄薄的麵粉，將麵團放上。用手把發酵的麵團按平，排出裡面的二氧化碳氣體 (10)。

- 再用擀麵棍將麵團擀平 (11)。

- 用手摸摸麵片，檢查麵皮的薄厚 (12)。

- 把麵片裹在擀麵棍上，送到鋪好烘焙紙的烤盤上。

- 將麵片展開，鋪滿烤盤。

- 用手指在麵片上按些小洞 (13)，蛋糕烤好後會更加柔軟可口。

- 表面蓋上一塊布，醒發 40 分鐘。

- 烤箱預熱至 210°C。

- 蘋果不去皮，直接切成細條，鋪放在醒發好的麵片上 (14)。

- 將蔗糖和肉桂粉混合均勻。

- 把奶油切成小塊，均勻撒在蘋果條上，再撒上蔗糖肉桂粉 (15)。

- 送入烤箱，烤 25 分鐘。

- 烤到一半時，可再加入幾塊奶油與蔗糖肉桂粉。

- 蛋糕烤好後，取出。表面撒上一層糖粉 (16)。

- 切成小方塊，即可食用 (17)。

Tips

- 用攪拌機和麵，可節省時間，提高效率。

在工作檯上撒一層薄薄的麵粉，放上麵團，用手把發酵麵團按平。

11 再用擀麵棍將麵團擀平。

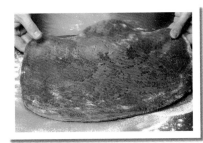

12 用手觸摸麵片，檢查麵皮的厚薄度。

把麵片放在鋪好烘焙紙的烤盤上，用手指在麵片上按些小坑，讓麵團醒發 40 分鐘。

14 蘋果不去皮，直接切成細條鋪放在醒好的麵片上。

15 把奶油切成小塊，均勻撒在蘋果條上，再撒上蔗糖肉桂粉。送入預熱至 210°C 的烤箱內，烤 25 分鐘。

當蘋果巧克力蛋糕烤好後，取出。在表面撒上一層糖粉。

17 切成小方塊即可。

# 薑糖溏心巧克力蛋糕
## Fondant chocolat gingembre

- 準備所需材料。

- 將黑巧克力切碎，與奶油一起隔水加熱至完全融化 (1)。

- 把蛋打入一個容器內，加入砂糖 (2)。

- 用打蛋器充分攪打，打到濕性發泡 (3)。

- 然後將融化的黑巧克力倒入，一邊攪拌 (4)。

- 攪拌均勻後，將麵粉篩到其中 (5)，輕輕攪拌 (6)。

- 攪拌均勻的巧克力麵糊呈流體 (7)。

- 在茶杯內抹上一層奶油，倒入黑巧克力麵糊至半滿 (8)。

- 然後在每個茶杯中的黑巧克力麵糊上放一塊糖漬薑塊 (9)。

- 再慢慢倒入黑巧克力麵糊，直到距離杯口 5 公釐即可 (10)。

- 放入冰箱冷凍 1 小時，讓它變硬。

- 將烤箱預熱至 200°C。

- 茶杯完全放涼後，放入烤箱烤 10 分鐘。

Tips

- 最好提前一晚做好巧克力麵糊，放入冰箱冷凍。食用前再取出來烤。

份量：8 個
準備時間：20 分鐘
冷凍時間：1 小時
烹調時間：10 分鐘

材料
可可含量 60% 或 70% 的
黑巧克力 100g
奶油 90g
蛋 3 個
砂糖 80g
麵粉 40g
糖漬薑 50g
＋奶油（用於模具）20g

1 將黑巧克力切碎，與奶油一起隔水加熱至完全融化。

2 把蛋打入一個容器內，再加入砂糖。

3 用打蛋器充分攪打，打至濕性發泡。

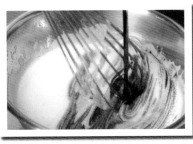

4 然後倒入融化的黑巧克力，一邊攪拌。

5 再將麵粉過篩到其中。

6 攪拌均勻。

7 圖為做好的巧克力麵糊。

8 在茶杯內部抹上一層奶油，倒入黑巧克力麵糊，倒到半滿。

9 然後在每個茶杯中的黑巧克力麵糊上放一塊糖漬薑塊。

10 再倒入黑巧克力麵糊，直到距離杯口 5 公釐即可。放入冰箱冷凍至少 1 小時。

PART

2

# 馬卡龍

# 製作馬卡龍

## 重要材料

### 糖

糖或蔗糖是從甜菜或甘蔗中提煉出來的，含有葡萄糖和果糖（人體主要能源的碳水化合物）。

用於製作馬卡龍的糖種：

砂糖粉：主要用於在蛋白的打發中。最好選用砂糖，砂糖比冰糖細，會更快溶解在材料裡。白砂糖的含糖量約為 99.9%。

冰糖粉：是基礎蛋白糊的組成之一，由冰糖研磨而成，裡頭摻有澱粉以避免冰糖粉凝結成塊。

使用冰糖粉時，要將先過細篩網，去除凝結的小顆糖粒。若包裝盒上沒有特別說明含糖量，它的含糖量大概就是 97%，另外 3% 則是澱粉（即為碳水化合物），我們稱之為含澱粉的冰糖粉。

### 杏仁

杏仁源自於杏仁樹，這種樹木廣泛分布於地中海盆地。杏仁是其果實的種子，充滿油脂，各種外形的種子皆可食用。

馬卡龍使用的主要材料是杏仁粉，它是由去皮的杏仁研磨而成，精細度多少會有差異。

想製作出細緻的馬卡龍，就需要從供應商處尋找更優質的杏仁粉了。

杏仁粉的包裝一旦打開，就需要放入密封的盒子內保存，避免潮濕。

### 蛋白

蛋白是從雞蛋中分離出來的，一個蛋白的重量平均為 30g，是由水和蛋白（水溶性蛋白質，即可溶於水）構成。建議最好選用新鮮全蛋，要使用時再分離出蛋白。

為了使蛋白順利打發並達到所需的程度、避免失敗，就需要使用沒有任何油漬，非常乾淨的容器。

# 重點工具

在選擇食譜並著手製作的同時，所使用的重點工具也會有一些小差異。以下就為大家詳細介紹製作馬卡龍必須使用的重點工具。

## 電動攪拌機

電動攪拌機需放在底座上使用，若覺得不夠靈活，也可以使用手持式攪拌器，兩者都是將蛋白打發的重要工具，且可以避免廚師過於勞累。使用電動攪拌機時，要選好搭配的攪拌棒，打至蛋白打發，質地均勻一致。

## 食物調理機

食物調理機非必備工具，但是非常有用。因為混合好的材料不用過細篩網，只要使用調理機將材料打成細末即可。

## 食物調理棒

用來攪碎少量材料及餡料，是非常實用的工具。

## 溫度計

煮糖漿溫度計的測試範圍為80～200°C。通常此種溫度計的周圍有不鏽鋼圈圍繞保護。但煮糖漿溫度計，不能用來測量巧克力溫度（10～120°C），否則會被損害。若想測出比較準確的溫度，可以使用電子溫度計，但是它的價格較貴。

## 擠花袋

擠花袋是製作馬卡龍時，最實用的重點工具！因為它可以使馬卡龍成為圓形或任何規則的形狀。可考慮使用直徑 8 公釐或 10 公釐的平頭花嘴來製作馬卡龍的外殼，直徑小的花嘴則用來擠出馬卡龍內餡。

## 烤盤

可以使用烤箱配套的烤盤。但是最好能擁有一個以上的烤盤，以加快工作速度。
另外，剩下的還有做甜點時經常使用的一些基礎工具，像是橡皮刮刀、木勺、打蛋器及混合材料所用的容器等。

# 基本食譜

馬卡龍有 2 種作法，法式馬卡龍習慣在打發的蛋白中加入糖，而義式馬卡龍習慣在打發的蛋白中加入熱糖漿。在這裡，我們大部分會使用第二種方法來製作馬卡龍。當然，這種方法也會使步驟稍微複雜些，但是成品的成功率會大大提升，你可能要好好仔細觀察每個步驟了。我們提供了 2 種作法，給讀者參考，可參考第 104 頁和 110 頁。

馬卡龍的顏色和內餡會依種類不同而相互對應，可依風味自行搭配。在製作過程中我們會從蛋白霜顏色的調製開始，一一為大家圖解。也就是說每則食譜的最開始都會重複這些基礎步驟，當然我們也儘可能地提供不同類型的內餡食譜供讀者選擇。

## 馬卡龍的基本組合

現今常見的馬卡龍被稱作「巴黎式」馬卡龍，也就是 2 個餅乾硬殼，中間夾著調香內餡組合在一起的型態。其外殼是將蛋白霜（涼或熱）與杏仁粉、糖粉（簡稱杏仁糖粉TPT）一起混合攪拌製成。

## 馬卡龍的顏色

以下是幾種馬卡龍的主要混合色。別忘記，在烘烤馬卡龍外殼的過程中，顏色會變淡、變淺，在商店購買到的各色馬卡龍，其顏色取決於蛋白糊濃度。

| 馬卡龍的香味 | 使用色素 |
|---|---|
| 草莓 / 覆盆子 / 玫瑰或莓果 | 紅或粉色，有必要可加點可可粉使顏色變暗。 |
| 檸檬 | 黃色 |
| 咖啡 / 焦糖 / 果仁糖 | 可在濃縮咖啡裡加入一點黃色，增亮顏色。 |
| 開心果 / 萊姆 / 薄荷 / 橄欖油 | 在綠色加黃色來調整，或加藍色使顏色變暗。 |
| 芒果 / 杏仁 / 柳丁 / 百香果 / 柑橘花 | 紅色和黃色 |
| 紫羅蘭 / 黑醋栗 / 無花果 | 紅色加一點點藍色 |
| 黑巧克力或牛奶巧克力 | 在蛋白糊中加可可粉及一點紅色，加強顏色。 |
| 甘草 | 黑色（欲知更多資訊可參考 www.christophe-felder.com。） |

## 馬卡龍的烘焙

最好選用附風扇的烤箱，因為這種烤箱可以加快烘烤速度及成品的品質一致。

在烘烤中期調整烤盤方向是非常重要的，因為這樣才能使馬卡龍受熱均勻，整體色澤一致。

可能的話，也可以同時放入 2 盤馬卡龍烘焙，但是在烘烤過程中要調整烤盤，烘烤時間也會稍微延長約 2 分鐘。

| 馬卡龍尺寸 | 直徑 | 烘焙溫度 | 烘烤時間 |
|---|---|---|---|
| 小型 | 4 公分以下 | 160°C | 8 ～ 10 分鐘 |
| 標準 | 4 ～ 5 公分 | 170°C | 10 ～ 12 分鐘 |
| 獨立個體 | 6 ～ 8 公分 | 170 ～ 180°C | 12 ～ 15 分鐘 |
| 蛋糕 | 16 公分以上 | 170 ～ 180°C | 15 ～ 17 分鐘 |

所有類型的馬卡龍，其烘烤時間只能大概估計作為參考，操作時當然會根據使用的烤箱功能而有所不同。

馬卡龍外殼烤好後，要檢驗一下成品。此時可將外殼翻面，只要底部沒有沾黏烘焙紙即可使用，取出後等外殼完全變涼才能開始包餡。

## 馬卡龍的保存

為了使小型馬卡龍具備最佳風味及口感，最好將它放入密封的盒子中，再放入冰箱冷藏一晚，使其香味散發出來。馬卡龍最多可以在密封的盒子內冷藏保存 2 ～ 3 天，如果時間過久，就會喪失風味及品質。

如果想將馬卡龍保存得更久，可以將它放入密封的盒子內冷凍保存。準備食用前，將盒子從冷凍庫取出，放入冷藏室冷藏一晚，然後最多再保存 1 ～ 2 天。

- 稱量所需的材料。

- 以 170°C 預熱烤箱。

- 把杏仁粉和糖粉放入食物調理機中 (1)，攪拌打碎 30 秒鐘 (2)，使杏仁粉變得更細（又稱杏仁糖粉 TPT，用於製作馬卡龍）(3)。

- 然後將杏仁糖粉用細篩網篩到一個容器內 (4)。

- 如果沒有食物調理機，也可以將杏仁粉和糖粉直接過細篩網即可。

- 另取一鍋，將水和砂糖倒入厚底鍋中，攪拌均勻 (5 和 6)，然後以中火加熱。

數量：40 個
準備時間：30 分鐘
烹調時間：每爐烤 10 ～ 12 分鐘

材料
杏仁粉 200g
糖粉 200g
水 50ml
砂糖 200g
蛋白75g×2 份（精確的重量非常重要！）
（約 5 個蛋白）

重點工具
煮糖漿溫度計（刻度達 200℃）1 個
烤盤 2 個以上
烘焙紙數張
乾淨的刷子 1 把
電動攪拌機 1 台
擠花袋 1 個
平頭圓口花嘴（直徑 8 或 10 公釐）1 個

1 把杏仁粉和糖粉放入食物調理機內。

2 啟動食物調理機，攪拌 30 秒。

3 打至杏仁粉與糖粉混合且更細（又稱 TPT 杏仁糖粉）。

4 將杏仁糖粉用細篩網過濾到一個容器內。

5 把水和砂糖倒入厚底鍋中。

6 用耐熱橡皮刮刀攪拌均勻，以中火加熱。

- 將刷子蘸冷水後，不時清理鍋邊 (7)，直到把鍋邊內側的糖完全刷掉為止。

- 把煮糖漿溫度計放入鍋中測量糖溫 (8)，注意糖溫是否到達 118 ～ 119°C。

- 在這期間，將 75g 蛋白倒入攪拌碗內 (9)。

- 隨時觀察鍋中的溫度變化，當溫度到達 114°C 時，將攪拌機的速度調到最快 (10)。

- 糖溫達 118 ～ 119°C 時，將鍋離火。調慢攪拌機的速度（中速），把熱糖漿順著攪拌碗的邊緣一點一點地倒入打發的蛋白內 (11)，避免熱糖漿濺出。

- 當所有熱糖漿都倒入攪拌碗內後，將攪拌機調到快速攪拌使熱蛋白霜的溫度變涼（這種義式杏仁霜是由蛋白和熱糖漿組成）。

- 此時將另外一份 75g 蛋白倒入杏仁糖粉中 (12)，用木鏟攪拌 (13)。攪至杏仁蛋白糊變濃稠 (14)。

- 關掉攪拌機，此時蛋白霜表面應該光滑、明亮，且打蛋器頂端的蛋白霜能夠形成「鳥嘴狀」(15)。

- 用手指觸摸蛋白霜檢驗溫度 (16)，確認蛋白霜溫度比手指溫度略高。

- 用橡皮刮刀取一小部分蛋白霜 (17)，加入杏仁蛋白糊內。

如果發現鍋邊的內壁黏有糖粒，可立即用刷子蘸冷水清除糖粒。

把煮糖漿溫度計放入鍋中測量糖溫，觀察溫度（從 114°C 開始，到 119°C）。

將 75g 蛋白倒入攪拌碗內。

當糖漿溫度達 114°C 時，將攪拌機速度調到最快速，將蛋白打發。

當糖溫達 118 ～ 119°C 時，將鍋離火。調慢攪拌機的速度，把熱糖漿一點一點的倒入打發的蛋白內。然後，加快攪拌速度，使熱蛋白霜的溫度變涼。

將另外 75g 的蛋白倒入杏仁糖粉中。

用木鏟攪拌。

攪至杏仁蛋白糊變濃稠。

攪拌到蛋白霜呈圖片中的狀態，即表面光滑、明亮並呈鳥嘴狀。

用手指觸摸熱蛋白霜確認溫度，應比手指溫度略高，而不是涼涼的。

取一小部分蛋白霜加入杏仁蛋白糊內。

- 攪拌至杏仁蛋白糊變稀時 (18)，加入剩餘的蛋白霜 (19)，繼續連同沉澱在容器底部的材料一起小心攪拌。

- 攪至所有材料均勻混合，呈半流體狀態 (20)。

- 烘烤前在烘焙紙上用直徑 4 公分的圓形模具或杯子畫出多個圓形 (21)，確保馬卡龍的大小一致。

- 再用一張新的烘焙紙覆蓋在畫有圓圈的烘焙紙上 (22)，用迴紋針固定 2 張烘焙紙。

- 將混合均勻的馬卡龍蛋白糊裝入擠花袋中，使擠花袋呈 ½ 滿 (23)，再依預先畫好的線條圓圈，在烘焙紙上擠入扁圓形的蛋白糊。(24)。

- 當蛋白糊擠滿整張烘焙紙，將烘焙指挪到烤盤裡，用手掌輕輕拍打烤盤底部 (25)，使馬卡龍蛋白糊變得更光滑 (26)。放入烤箱烤 10 ～ 12 分鐘，在烘烤過程中調整一次烤盤方向。

- 烤好的馬卡龍外殼底部應該有漂亮的皺褶和淡淡的金黃色 (27)。

- 待馬卡龍外殼完全冷卻，即可依據自己需求在裡面填餡。

18 攪拌至杏仁蛋白糊變稀。

19 加入剩餘的蛋白霜。

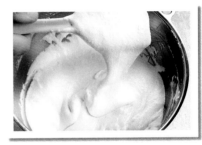
20 繼續攪拌至所有材料混合均勻，呈半流體狀態。

21 用直徑 4 公分的圓形模具，在烘焙紙上畫出多個圓形。

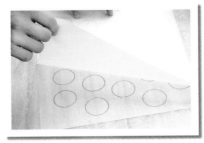
22 用一張新烘焙紙覆蓋在畫有圓圈的烘焙紙上。

23 將混合均勻的馬卡龍蛋白糊裝入擠花袋。

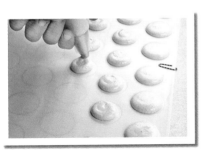
24 依照預先畫好的圓圈，在烘焙紙上擠入蛋白糊。

25 用手掌輕輕拍打烤盤底部。

26 當馬卡龍蛋白糊變得光滑，放入 160℃ 烤箱內烤 10 ～ 12 分鐘。在烘烤過程中調轉一次烤盤方向。

27 烤好的馬卡龍表面應呈淡金黃色，且大小一致。

- 以 170°C 預熱烤箱。稱量所需的材料。

- 將糖粉和杏仁粉倒入食物調理機中 (1)，攪拌 30 秒。使 2 種材料混合均勻。

- 當然，也可以用手將 2 種材料混合，再用細篩網過濾到一個容器內。

- 把蛋白倒入攪拌碗內，快速攪拌。

- 當蛋白充滿小氣泡時，撒入砂糖 (2) 攪拌十幾分鐘（這個過程的目的是破壞蛋白的氣泡）。攪至打發的蛋白霜質地細密，顏色純白，舉起打蛋器蛋白也不會掉落 (3)。

- 把攪拌均勻的杏仁糖粉（TPT）倒入蛋白霜內 (4)。

- 用橡皮刮刀輕輕攪拌 (5)，直到杏仁糖粉與蛋白霜完全混合。

- 攪拌時要以輕輕折疊的方法混合材料。也就是快速將材料混合均勻，破壞蛋白霜的氣泡，避免馬卡龍的表面在烘烤時破裂，所以這時的馬卡龍蛋白糊應該是非常濃稠的流體 (6)。

- 烘烤前，在烘焙紙上用一個直徑 4 公分的圓形模具或杯子畫出多個圓形，以確保馬卡龍的大小一致。再用一張新烘焙紙覆蓋在畫有圓圈的烘焙紙上，用迴紋針固定 2 張烘焙紙。

- 將混合均勻的馬卡龍蛋白糊裝入擠花袋中，使擠花袋成 ½ 滿，在鋪有烘焙紙的烤盤上將蛋白糊擠成小球 (7)。

- 用手掌輕拍烤盤底部，使馬卡龍蛋白糊的表面更加光滑。

- 放入烤箱烤 10 ～ 12 分鐘，在烘烤過程中轉一次烤盤方向。

- 馬卡龍外殼烤熟後，放在不鏽鋼涼架上冷卻。

Advice

- 這款馬卡龍食譜簡單易做，但是製作時要更小心，可能表面會有輕微的破裂。在這種情況下，下次製作時就要增加馬卡龍蛋白糊的折疊攪拌時間。

數量：40 個
準備時間：35 分鐘
烹調時間：每爐烤 10 ～ 12 分鐘

重點工具
攪拌機 1 個
擠花袋 1 個
平頭圓口花嘴（直徑 8 或 10 公釐）1 個
覆蓋烘焙紙的烤盤 2 個

材料
糖粉 225g
杏仁粉 125g
蛋白 100g（大約 3.5 個蛋白）
砂糖 25g

1 將糖粉和杏仁粉倒入食物調理機中，攪拌 30 秒。

2 當蛋白完全充滿小氣泡時，撒入砂糖，攪拌十幾分鐘。

3 攪至打發的蛋白霜質地細密，顏色純白，舉起打蛋器蛋白也不會掉落。

4 把攪拌均勻的杏仁糖粉倒入蛋白霜內。

5 用橡皮刮刀輕輕攪拌。

6 攪拌至杏仁糖粉與蛋白霜完全混合。

7 將混勻的馬卡龍蛋白糊裝入擠花袋，在鋪有烘焙紙的烤盤上將蛋白糊擠成小球。放入烤箱烤 10 ～ 12 分鐘，在烘烤過程中轉一次烤盤方向。

# 覆盆子馬卡龍

*Macaron à la framboise*

製作覆盆子內餡

- 將覆盆子和砂糖倒入厚底鍋中 (1)，以中火加熱 (2)，製作覆盆子果醬。

- 當覆盆子開始略微融化變稀時離火，用橡皮刮刀將其壓碎 (3)。

- 為了使果醬更加細膩，可以使用食物調理棒將其攪碎 (4)。

- 待覆盆子果醬攪拌均勻 (5)，以中火繼續加熱。

- 然後加入過濾的檸檬汁 (6)，避免有檸檬籽掉入鍋中。

- 煮開 2 ～ 3 分鐘 (7)。

- 將少許覆盆子果醬倒在涼盤中 (8)，檢查果醬熟成度。如果盤子內的果醬很濃稠，且立即凝固，就表示覆盆子果醬煮好了。

- 將覆盆子果醬放涼後倒入容器內，放入冰箱冷藏至凝固變硬。

製作馬卡龍外殼

- 以 170°C 預熱烤箱。

- 參考第 104 ～ 107 頁 1 ～ 16 步驟，進行義式杏仁膏的基礎操作。

- 當熱蛋白霜變溫即可加入紅色色素 (9)，加入的量取決於色素的濃稠度。

數量：40 個
準備時間：50 分鐘
烹調時間：每爐烤 10 ～ 12 分鐘
放置時間：1 小時

材料
**覆盆子內餡**
新鮮或冷凍覆盆子
（碎粒或整粒）350g
砂糖 200g
檸檬汁 15g

**馬卡龍蛋白糊**
杏仁粉 200g
糖粉 200g
水 50ml
砂糖 200g
蛋白 75g×2 份（準確的重量非常
重要！大約 5 個蛋白）
食用紅色素少許
無糖可可粉少許

1 依序將覆盆子和砂糖倒入厚底鍋中。

2 以中小火加熱，至覆盆子慢慢融化。

3 用橡皮刮刀慢慢攪拌並將覆盆子壓碎。

4 用食物調理棒將果醬攪碎，使其更加細滑。

5 待覆盆子果醬攪拌均勻，用中火繼續加熱。

6 加入過濾的檸檬汁。

7 加熱煮開幾分鐘，蒸發掉部分水分。

8 將少許覆盆子果醬倒在涼盤上，檢查其熟成度。如果盤子內的果醬很濃稠，且立即凝固，就表示覆盆子果醬煮好了，可以放入冰箱冷藏。

9 當熱蛋白霜變涼，即可加入紅色色素（當然也可以加入幾克無糖可可粉調色。）

- 理想的覆盆子馬卡龍顏色應該是紅色 (10)，如果顏色太淺，可以加入 1 ～ 2 撮無糖可可粉調整。

- 用木勺將一部分的紅色蛋白霜加入混合好的砂糖、杏仁粉及蛋白中 (11)，並將所有材料攪拌均勻。

- 加入剩餘的紅色蛋白霜，攪拌至馬卡龍蛋白糊細滑，顏色均勻一致 (12)。

- 這時將混合均勻的紅色馬卡龍蛋白糊裝入擠花袋，在鋪有烘焙紙的烤盤上將其擠成小球。

- 放入烤箱烤 10 ～ 12 分鐘，在烘烤過程中轉一次烤盤方向。

- 馬卡龍外殼烤熟後，放在不鏽鋼涼架上，待其冷卻後再填餡。

開始組合

- 覆盆子內餡冷卻凝固後即可使用。把馬卡龍外殼翻面，在中央輕輕下壓 (13)，這樣就可以多放一些內餡。

- 把馬卡龍外殼正面朝上排成一排，然後背面朝上再放一排 (14)，交替放在烤盤上。

- 這時把之前做好的覆盆子內餡裝入帶有平頭圓口小花嘴（直徑 5 公釐）的擠花袋中，然後將餡料擠在每個背面朝上的馬卡龍外殼中央，使其成為一個小球 (15)。

- 把正面朝上的馬卡龍外殼蓋在覆盆子內餡上 (16)。

- 在蓋的同時向下輕壓，使內餡填到馬卡龍外殼的邊緣即可，這樣馬卡龍內部就不會太乾。

- 最後，將做好的覆盆子馬卡龍放在一個大盤子內，放進冰箱冷藏 1 小時，使其凝固成型。

- 如果想保存起來，就要先將馬卡龍放入密封盒子內。

10 這是製作好的覆盆子馬卡龍蛋白霜的顏色（暗紅色）。

11 先將一部分紅色蛋白霜加入混合好的砂糖、杏仁粉及蛋白中，攪拌均勻。

12 加入剩餘的紅色蛋白霜，攪拌均勻後裝入擠花袋，在鋪有烘焙紙的烤盤上將其擠成小球。放入 170°C 烤箱內，烘烤10 ～ 12 分鐘。

13 把放涼的馬卡龍外殼翻面，在中央輕輕向下壓。

14 把馬卡龍外殼正面朝上排成一排，然後背面朝上再放一排，交替放在烤盤上。

15 將覆盆子內餡擠在每個背面朝上的馬卡龍外殼中央。

16 將正面朝上的馬卡龍外殼，輕蓋在覆盆子內餡上。覆蓋的同時輕輕下壓，使裡面的內餡滿到馬卡龍外殼的邊緣。最後，放入冰箱冷藏 1 小時，即可食用。

# 羅勒檸檬馬卡龍

*Macaron au citron jaune et basilic*

· 把 ½ 的吉利丁片放入冷水中浸泡至軟。

· 將蛋倒入厚底鍋中 (1)，加入砂糖 (2)，輕輕攪拌均勻 (3)。

· 加入過濾後的鮮榨檸檬汁 (4) 不停地攪拌，並以中火加熱 (5)。

· 然後把羅勒葉撕碎，加入鍋中 (6)。

· 將鍋中的羅勒檸檬醬汁煮開，使醬汁像卡士達醬般濃稠。注意，整個烹煮過程中，都要不停地攪拌。

· 這時把泡軟瀝乾的吉利丁片加入鍋中 (7)，攪拌均勻。

· 將醬汁用細篩網過濾到奶油中 (8)。

· 用食物調理棒攪拌 1 分鐘 (9)，攪至羅勒檸檬餡料質地細膩，表面光亮。

數量 ：40 個
準備時間：1 小時
烹調時間：每爐烤 10 ～ 12 分鐘
放置時間：2 小時以上

材料

**羅勒檸檬內餡**
吉利丁片 ½ 片
蛋（中等大小的蛋 3 個）140g
砂糖 135g
檸檬汁 130ml（大約 2.5 個檸檬）
羅勒葉（中等大小）10 片
奶油丁 175g
杏仁粉 30g

**馬卡龍蛋白糊**
杏仁粉 200g
糖粉 200g
水 50ml
砂糖 200g
蛋白 75g×2 份
（約 5 個蛋白）
食用黃色素少許

1 把 ½ 張吉利丁片放入冷水中浸泡至軟，擱置備用。再將蛋倒入厚底鍋中。

2 加入砂糖。

3 用打蛋器攪拌均勻。

4 加入檸檬汁，繼續攪拌。

5 以中火加熱，不停地攪拌。

6 把羅勒葉撕碎加入鍋中，當醬汁煮開，且變得越來越濃稠即可離火。

7 加入 ½ 張瀝乾的吉利丁片，攪拌均勻。

8 將羅勒醬汁過細篩網，倒入奶油中。

9 用食物調理棒攪拌 1 分鐘，攪至羅勒檸檬餡料質地細膩、表面光亮。

# 羅勒檸檬馬卡龍

*Macaron au
citron jaune et basilic*

· 最後，加入杏仁粉，用橡皮刮刀攪拌均勻 (10)。

· 用保鮮膜密封好，放入冰箱內冷藏，放置至少 2 小時。

## 製作檸檬馬卡龍外殼

· 以 170°C 預熱烤箱。參考第 104 ～ 107 頁的 1 ～ 16 步驟，進行義式杏仁膏的基礎操作。

· 當熱蛋白霜變涼後，加入食用黃色素 (11)。

· 攪拌均勻的黃色蛋白霜 (12)，會光亮而柔滑。

· 將黃色蛋白霜分 2 次加入杏仁蛋白糊內，攪拌均勻 (13)。

· 將黃色馬卡龍蛋白糊裝入擠花袋，在鋪有烘焙紙的烤盤上將蛋白糊擠成略扁的小球。(14) 放入烤箱烤 10 ～ 12 分鐘，在烘烤過程中轉一次烤盤方向。

## 開始組合

· 當馬卡龍外殼烤熟並完全放涼後，將總量一半的馬卡龍外殼翻面，同時用手指輕輕按壓外殼的中間部分 (15)。

· 重複此方法，把所有馬卡龍外殼正面朝上排成一排，然後背面朝上再放一排，交替放在烤盤上 (16)。

· 將羅勒檸檬內餡裝入帶有平頭圓口小花嘴的擠花袋中。

· 在每個背面朝上的馬卡龍外殼中央，擠一小球內餡 (17)。

· 再把正面朝上的馬卡龍外殼蓋在覆盆子內餡上 (18)，同時輕輕下壓 (19)，使裡面的內餡填到馬卡龍外殼的邊緣 (20)。最後，將做好的羅勒檸檬馬卡龍放入冰箱冷藏。

## Advice

· 羅勒檸檬內餡最好提前一晚製作，如此才有足夠的時間使羅勒檸檬內餡變硬。羅勒葉可以不加入內餡中。

在羅勒檸檬餡料中加入杏仁粉，並攪拌均勻。放入冰箱內冷藏至少 2 小時。

當熱蛋白霜變涼後，加入食用黃色素。

這是攪拌均勻的馬卡龍蛋白霜顏色。

將黃色蛋白霜加入杏仁蛋白糊內，攪拌均勻。

將黃色馬卡龍蛋白糊裝入擠花袋，在鋪有烘焙紙的烤盤上將餡料擠成略扁的小球。放入 170℃ 的烤箱裡面，烤 10 ～ 12 分鐘，在烘烤過程中轉一次烤盤方向。

外殼烤熟放涼後，將總量一半的外殼翻面，同時用手指輕壓外殼的中央。

重複步驟 15，把所有的馬卡龍外殼正面朝上排成一排，然後背面朝上再放一排，交替排在烤盤上。

將羅勒檸檬內餡裝入擠花袋中。在每個背面朝上馬卡龍外殼中央，擠一小球內餡。

把正面朝上的馬卡龍外殼蓋在覆盆子內餡上。

覆蓋的同時，輕輕向下壓。

壓至內餡填到馬卡龍外殼的邊緣即可。最後，將做好的羅勒檸檬馬卡龍放入冰箱冷藏後再食用。

# 巧克力馬卡龍

*Macaron au chocolat*

製作巧克力醬內餡

- 將淡奶油倒入鍋中，加入砂糖 (1)，以小火煮開。

- 在這期間，把黑巧克力切細碎，放到一個容器內。

- 當淡奶油煮開，將 ½ 熱奶油倒入黑巧克力碎中 (2) 靜置片刻，讓黑巧克力融化。

- 然後用橡皮刮刀輕輕朝中心攪拌 (3)，攪至融化的黑巧克力與熱奶油均勻混合 (4)。

- 加入剩餘的熱奶油 (5)，繼續小心地攪拌 (6)，攪拌至勻，使表面滑順、光亮。

- 最後，加入奶油丁 (7)，攪拌至表面光亮，完成巧克力醬內餡 (8)。

- 用保鮮膜密封好。在製作馬卡龍外殼期間，將巧克力醬內餡放在常溫下，使其變硬。

數量：40 個
準備時間：50 分鐘
烹調時間：每爐烤 10 ～ 12
　　　　　分鐘
放置時間：1 小時

材料
**黑巧克力醬內餡**
淡奶油 200g
砂糖 1 大匙
黑巧克力（至少含 60%
可可脂）250g
奶油丁 40g

**馬卡龍蛋白糊**
糖粉 185g
杏仁粉 185g
無糖可可粉 30g
水 50ml
砂糖 200g
蛋白 75g×2 份（大約 5 個蛋的量）
食用紅色素少許

1 淡奶油倒入鍋中，加入砂糖，煮開。

2 淡奶油煮開後，將 ½ 的奶油倒入黑巧克力碎中。

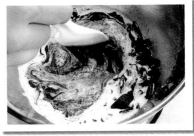

3 用橡皮刮刀輕輕從邊緣朝中心攪拌。

4 將融化的黑巧克力與熱奶油混合均勻，使表面光亮。

5 加入剩餘的熱奶油。

6 繼續小心地攪拌，直到奶油與巧克力混合均勻，表面光滑、光亮。

7 加入奶油丁。

8 把步驟 7 混合物攪拌均勻，完成巧克力醬內餡。用保鮮膜密封好，常溫放置到內餡變硬。

# 巧克力馬卡龍

*Macaron au chocolat*

製作巧克力馬卡龍外殼

- 以 170°C 預熱烤箱。

- 把糖粉、杏仁粉和可可粉放入食物調理機內 (9) 攪碎、攪勻，完成可可杏仁糖粉。然後用細篩網將糖粉過濾到一個容器內。

- 參考第 104 ～ 107 頁 1 ～ 16 步驟，進行義式杏仁膏的基礎操作。

- 當熱蛋白霜變涼後，加入少許食用紅色素 (10)，加入的量取決於色素的濃度。理想的顏色是淺紅色 (11)，只須加一點點顏色即可。

- 將另外的 75g 蛋白與可可杏仁糖粉混合 (12)，攪拌均勻，完成巧克力杏仁蛋白糊 (13)。

- 取一部分紅色蛋白霜與巧克力杏仁蛋白糊混合，攪拌稀釋後 (14)，再加入剩餘的紅色蛋白霜，攪拌均勻，使蛋白糊質地細致 (15)，完成巧克力馬卡龍蛋白糊。

- 將巧克力色馬卡龍蛋白糊裝入擠花袋，使擠花袋呈 ½ 滿，在鋪有烘焙紙的烤盤上將內餡擠成略扁的小球 (16)。

- 放入烤箱烤 10 ～ 12 分鐘，在烘烤過程中轉一次烤盤方向。

- 將烤熟的馬卡龍外殼放涼後再填餡。

開始組合

- 當巧克力醬內餡變得濃稠後，將總量一半的馬卡龍外殼翻面，同時輕輕按壓外殼的中央，以放入更多內餡 (17)。把所有馬卡龍外殼正面朝上排成一排，然後背面朝上再放成一排，交替排在烤盤上。

- 將巧克力醬內餡裝入帶有平頭圓口小花嘴（直徑 5 ～ 7 公釐）的擠花袋中。在每個背面朝上的馬卡龍外殼中央，擠出一小球內餡。

- 把正面朝上的馬卡龍外殼蓋在巧克力醬內餡上 (18)，在蓋的同時向下輕壓，使裡面的內餡填到馬卡龍外殼的邊緣，使內餡填滿整個馬卡龍，不會造成馬卡龍內部過乾 (19)。

- 食用或儲存前，將做好的巧克力馬卡龍冷藏使其變硬。

把糖粉、杏仁粉和可可粉放入食物調理機內攪碎、攪勻,完成可可杏仁糖粉。

把熱糖漿加入 75g 打發的蛋白中,攪拌成熱蛋白霜。待其變涼後,加入少許食用紅色素。

這是理想的蛋白霜顏色。

將另外的 75g 蛋白與可可杏仁糖粉混合。

將步驟 12 攪拌均勻,完成巧克力杏仁蛋白糊。

將紅色蛋白霜與巧克力杏仁蛋白糊混合。

攪拌均勻,完成巧克力色馬卡龍蛋白糊。

將巧克力色馬卡龍蛋白糊裝滿擠花袋的 ½ 量,在鋪有烘焙紙的烤盤上將內餡擠成略扁的小球。放入 170°C 烤箱內,烤 10 ～ 12 分鐘。

將馬卡龍外殼翻面,同時輕輕按壓外殼的中央。

把馬卡龍外殼蓋在巧克力醬內餡上。

這是做好的巧克力馬卡龍。

123

# 咖啡馬卡龍

## Macaron au café

製作咖啡內餡

· 將回溫後的奶油放入容器內，用打蛋器攪拌奶油 (1)，使奶油變成膏狀 (2)（也可以將奶油放在火爐上或隔水加熱數秒）。

· 攪拌至奶油質地光滑細緻時，加入過篩的糖粉 (3)，繼續攪拌 (4)，攪到奶油顏色發白。

· 然後加入杏仁粉 (5)，充分攪拌，打發奶油，使奶油充滿氣泡 (6)。

· 在雀巢即溶咖啡內加入 1 湯匙熱水，再將咖啡倒入打發的甜奶油中 (7)，用打蛋器攪拌 (8)。

· 攪至咖啡與奶油均勻混合，形成強烈的咖啡口味。最後，把製作好的咖啡內餡用保鮮膜封好，常溫保存 (9)。

| 數量 | ：40 個 |
| 準備時間 | ：60 分鐘 |
| 烹調時間 | ：每爐烤 10 ～ 12 分鐘 |
| 放置時間 | ：1 小時 |

**材料**

**咖啡內餡**

奶油（室溫回軟）250g

糖粉 160g

杏仁粉 170g

雀巢即溶咖啡 20g

**馬卡龍蛋白糊**

杏仁粉 200g

糖粉 200g

水 50ml

砂糖 200g

蛋白 75g×2 份（大約 5 個蛋的量）

濃縮咖啡（著色用）少許

1. 將回溫後的奶油放入一個容器內，用打蛋器攪拌均勻。

2. 攪至奶油變成膏狀。

3. 將過篩的糖粉加入奶油膏中。

4. 充分攪打至奶油顏色發白。

5. 加入杏仁粉。

6. 繼續攪拌。

7. 在即溶咖啡內加入 1 湯匙的熱水，再將咖啡倒入打發的甜奶油中。

8. 繼續攪拌均勻，形成較強烈的咖啡口味。

9. 製作好的咖啡內餡，用保鮮膜封好，常溫保存。

# 咖啡馬卡龍

*Macaron au café*

製作咖啡馬卡龍外殼

- 以 170°C 預熱烤箱。

- 參考第 104 ～ 107 頁 1 ～ 16 步驟進行義式杏仁膏的基礎操作。

- 當熱蛋白霜變涼後,加入少許濃縮咖啡著色 (10 和 11)。

- 此時蛋白霜的顏色呈棕色 (12)。

- 取一部分咖啡蛋白霜與咖啡杏仁蛋白糊混合,攪拌稀釋後,加入剩餘的咖啡色蛋白霜,攪拌均勻。完成質地細膩的咖啡色馬卡龍蛋白糊 (13)。

- 然後將咖啡色馬卡龍蛋白糊裝入帶有平頭圓口花嘴(直徑 8 或 10 公釐)的擠花袋中,在鋪有烘焙紙的烤盤上將其擠成略扁的小球 (14)。

- 輕輕拍打烤盤底部,使馬卡龍蛋白糊的表面更加光滑。放入烤箱烤 10 ～ 12 分鐘,在烘烤過程中轉一次烤盤方向。

開始組合

- 將烤熟的馬卡龍外殼放涼後再翻面。

- 馬卡龍外殼翻面的同時,在外殼中央輕輕按壓 (15),這樣可放入更多內餡。

- 把所有馬卡龍外殼正面朝上放成一排,然後背面朝上再放成一排,交替排滿烤盤 (16)。

- 把咖啡內餡攪拌一下,裝入帶有平頭圓口小花嘴的擠花袋中。

- 將內餡擠在每個背面朝上的馬卡龍外殼中央 (17)。

- 把一旁正面朝上的馬卡龍外殼蓋在咖啡內餡上 (18),同時輕輕下壓 (19),使內餡填到馬卡龍外殼的邊緣。

- 把做好的咖啡馬卡龍放入冰箱,冷藏 1 小時後再食用,或者放入密封盒子內保存。

當熱蛋白霜變涼後，加入少許濃縮咖啡上色。

讓攪拌機繼續攪拌，使顏色均勻混合。

製作好的蛋白霜，會變成圖片中的棕咖啡色。

分批將咖啡色蛋白霜加入咖啡杏仁蛋白糊中，攪拌至質地均勻細膩，形成咖啡色馬卡龍蛋白糊。

將咖啡色馬卡龍蛋白糊裝入帶花嘴的擠花袋中，在鋪有烘焙紙的烤盤上將蛋白糊擠成略扁的小球。用手掌輕輕拍打烤盤底部，放 170℃ 烤箱內烤 10 ～ 12 分鐘，在烘烤過程中轉一次烤盤方向。

馬卡龍外殼放涼後翻面，並在中心處用手指輕輕按壓。

把所有馬卡龍外殼正面朝上排成一排，然後背面朝上再放成一排，交替排滿整個烤盤。

咖啡內餡裝入擠花袋中，擠在每個背面朝上的馬卡龍外殼中央。

把一旁正面朝上的馬卡龍外殼蓋在咖啡內餡上。

在蓋的同時向下輕壓，冷藏至少 1 小時。

製作開心果內餡

· 將回溫後的奶油放入容器內，略微加熱，用打蛋器攪拌成膏狀 (1)。

· 攪至奶油質地光滑細膩時，加入過篩的糖粉 (2)，繼續攪拌 (3)，直到奶油顏色發白。

· 加入杏仁粉 (4) 和開心果仁碎 (5) 攪拌均勻。最後加入開心果仁醬 (6)。

· 充分攪拌均勻至開心果餡略微打發 (7)。

· 常溫保存備用。

數量：40 個
準備時間：50 分鐘
烹調時間：每爐烤 10 ～ 12 分鐘
放置時間：1 小時

材料
**開心果內餡**
奶油（室溫回軟）200g
糖粉 130g

杏仁粉 80g
綠色開心果仁碎 50g
開心果仁醬 40g
（在烘焙專賣店有售）

**馬卡龍蛋白糊**
糖粉 200g
杏仁粉 135g
無鹽整粒開心果仁 65g

蛋白 75g×2 份
（準確的重量尤其重要！）
砂糖 200g
水 50ml
食用黃色素少許
食用綠色素少許

1　回溫後的奶油略微加熱，用打蛋器攪拌成膏狀。

2　加入過篩的糖粉。

3　充分攪拌。

4　加入杏仁粉，繼續攪拌。

5　加入開心果仁碎。

6　最後加入開心果仁醬。

7　充分攪拌均勻後，常溫保存，備用。

# 開心果馬卡龍

*Macaron à la pistache*

- 以 170°C 預熱烤箱。

- 將糖粉、杏仁粉和整粒開心果仁放入食物調理機中 (8)，打 30 秒鐘，使所有材料都打碎且攪拌均勻（當然開心果仁碎會有一些較大的顆粒）。

- 然後，倒入一個容器內 (9)。

- 加入 75g 蛋白 (10)，攪拌均勻，和成開心果杏仁蛋白糊 (11)。

- 另外 75g 蛋白，參考第 104 ～ 107 頁 5 ～ 11 步驟製作義大利熱蛋白霜。

- 當熱蛋白霜變涼後，加入少許食用綠色素 (12) 和黃色素（黃色素可以使綠色變得更加明亮）。最終蛋白霜的顏色呈淺綠色 (13)。

- 取一部分綠色蛋白霜與開心果杏仁蛋白糊混合 (14)，攪拌稀釋後，再加入剩餘的綠色蛋白霜攪拌均勻 (15)，完成淺綠色馬卡龍蛋白糊。

- 將綠色馬卡龍蛋白糊裝入擠花袋，在鋪有烘焙紙的烤盤上將蛋白糊擠成略扁的小球 (16)。用手掌輕輕拍打烤盤底部，使馬卡龍蛋白糊表面光滑。

- 放入烤箱烤 10 ～ 12 分鐘，在烘烤過程中轉一次烤盤方向。

開始組合

- 將烤熟的馬卡龍外殼放涼後再翻面。

- 將總量一半的馬卡龍外殼翻面的同時，在中間處用手指輕輕按壓 (17)。

- 把開心果內餡再次攪拌一下，裝入帶有平頭圓口小花嘴的擠花袋中。將內餡擠在背面朝上的馬卡龍外殼中央 (18)。

- 再把一旁正面朝上的馬卡龍外殼蓋在開心果內餡上，在蓋的同時輕輕下壓 (19)。把做好的開心果馬卡龍放入冰箱，冷藏 1 小時後再食用，或者放入密封盒子內保存。

Advice

- 也可以自製開心果仁醬，作法是將 200g 無鹽開心果仁放入食物調理機中攪碎，加入 5 大匙杏仁糖漿，繼續攪拌 4 ～ 5 分鐘，就完成嘍。

糖粉、杏仁粉和整粒開心果仁放入食物調理機中，打 30 秒。

將步驟 8 的開心果杏仁糖粉倒入一個容器內。

加入 75g 蛋白。

將開心果杏仁糖粉和蛋白混勻，完成開心果杏仁蛋白糊。

當熱蛋白霜變涼後，加入少許食用綠色素和黃色素。

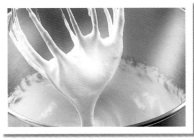

這是混合好的蛋白霜的顏色。

取一部分綠色蛋白霜與開心果杏仁蛋白糊混合。

再加入剩餘的綠色蛋白霜，攪拌均勻，使其變成淺綠色馬卡龍蛋白糊。

將綠色蛋白糊裝入擠花袋，在鋪有烘焙紙的烤盤上將其擠成略扁的小球。輕拍烤盤底部後，放入 170°C 的烤箱，烤10 ～ 12 分鐘。

當馬卡龍變涼後，將其翻面並用手指輕壓外殼中心。

將開心果內餡擠在每個背面朝上的馬卡龍外殼中央。

把旁邊正面朝上的馬卡龍外殼蓋在開心果內餡上，在覆蓋的同時輕輕下壓。冷藏 1 小時後品嘗。

# 椰子馬卡龍

## Macaron à la noix de coco

製作椰蓉巧克力醬內餡

· 將牛奶巧克力切成細碎，放入一個容器內。

· 把淡奶油與刮出籽的香草豆莢一起放入鍋中，中火加熱至煮開。

· 香草奶油煮開後，將 ½ 倒入切碎的牛奶巧克力中 (1)，放置 30 秒使牛奶巧克力融化 (2)，然後用橡皮刮刀輕輕攪拌 (3)，攪至均勻。

· 再加入一部分熱香草奶油 (4)，繼續輕輕攪拌 (5)。

· 最後加入剩餘的熱香草奶油 (6)，攪拌至質地均勻、細致。

· 確認做好的巧克力醬質滑且明亮，即可加入椰子粉 (7)，攪拌均勻 (8)。

· 把做好的椰蓉巧克力醬內餡用保鮮膜封好，常溫保存備用。

數量：40 個
準備時間：50 分鐘
烹調時間：每爐烤 10 ～ 12 分鐘
放置時間：1 小時

材料

**椰蓉巧克力醬內餡**

牛奶巧克力 180g
淡奶油 310g
香草豆莢 ½ 根
椰子粉 130g

**馬卡龍蛋白糊**

砂糖 200g
水 50ml
蛋白 1 + 2 個
杏仁粉 160g
糖粉 160g
椰子粉 80g
葵花籽油或花生油 40g

1. 香草奶油煮開後，將 ½ 倒入切碎的牛奶巧克力中。

2. 放 30 秒使牛奶巧克力融化。

3. 然後用鏟子由外向內輕輕地攪拌均勻。

4. 再加入一部分熱香草奶油。

5. 繼續輕輕攪拌。

6. 加入剩餘的熱香草奶油，攪拌均勻。

7. 接著在做好的巧克力醬裡，倒入椰子粉。

8. 輕輕攪拌均勻。

# 椰子馬卡龍
*Macaron à la noix de coco*

製作馬卡龍外殼

· 以 170°C 預熱烤箱。

· 用 200g 砂糖、50ml 水和 2 個蛋白，參考第 104 ～ 107 頁 1 ～ 16 步驟進行義式杏仁膏的基礎操作。

· 把杏仁粉、糖粉和椰子粉放入一個容器內 (9)。

· 接著加入蛋白和葵花籽油 (10)，用木鏟攪拌均勻，做成比較乾燥的椰蓉杏仁蛋白糊。

· 打發的蛋白霜應該更加輕薄些 (11)。

· 取少量義式杏仁霜與椰蓉杏仁蛋白糊混合 (12)，攪拌稀釋。

· 加入剩餘的蛋白霜，攪拌至蛋白霜質地細致 (13)。

· 將椰蓉馬卡龍蛋白糊裝到擠花袋的 ⅓ 量，在鋪有烘焙紙的烤盤上將蛋白糊擠成略扁的小球 (14)。再輕輕拍打烤盤底部，使馬卡龍蛋白糊的表面光滑。

· 放入烤箱烤 10 ～ 12 分鐘，在烘烤過程中調一次烤盤方向。

開始組合

· 將烤熟的馬卡龍外殼放涼後再填餡。把總量一半的馬卡龍外殼翻面，同時用手指輕輕按壓中間 (15)。

· 椰蓉巧克力醬內餡裝入帶有平頭圓口小花嘴的擠花袋中。在每個背面朝上的馬卡龍外殼中央擠一小球內餡 (16)。

· 再把正面朝上的馬卡龍外殼蓋在椰蓉巧克力醬內餡上 (17)，輕輕下壓，使內餡填到馬卡龍外殼的邊緣即可 (18)。

· 在食用或儲存前，將做好的椰子馬卡龍冷藏 30 分鐘。

9 做好義式馬卡龍杏仁霜後,將杏仁粉、糖粉和椰子粉放入另一個容器內。

10 加入蛋白和葵花籽油,用木鏟攪拌均勻。

11 這是攪拌好的義式杏仁霜。

12 取少量義式杏仁霜與椰蓉杏仁蛋白糊混合,攪拌稀釋。

13 再加入剩餘的蛋白霜,充分攪拌均勻。

14 將椰蓉馬卡龍蛋白糊裝入擠花袋,在鋪有烘焙紙的烤盤上將其擠成略扁的小球。放入 170°C 烤箱內,烤 10 ～ 12 分鐘。

15 將烤熟的馬卡龍外殼放涼後翻面,用手指在中央輕輕按壓。

16 將椰蓉巧克力醬內餡依序擠在每個背面朝上的馬卡龍外殼中央。

17 把正面朝上的馬卡龍外殼,蓋在椰蓉巧克力醬內餡上。

18 覆蓋的同時向下輕壓,使裡面的內餡填到馬卡龍外殼的邊緣。將做好的椰子馬卡龍冷藏 30 分鐘後再食用。

# 鹽焦糖馬卡龍

*Macaron au caramel beurre salé*

製作鹽焦糖內餡

· 將 ⅓ 的砂糖（大約 95g）放入一個厚底鍋中 (1)，以中火加熱。

· 當砂糖融化後，顏色變成淡黃色，加入 ⅔ 的砂糖 (2)。繼續加熱，同時輕輕地攪拌，直到鍋中所有的砂糖完全融化 (3)。

· 然後用小火加熱至糖色變成焦糖色 (4)。

· 分批加入淡奶油，同時用橡皮刮刀不停攪拌 (5)，轉中火繼續加熱。

· 鍋中混合的材料會產生泡沫，所以要特別注意，不要被燙傷！

· 當奶油全部加入鍋中之後，放入溫度計觀察溫度 (6)，直到溫度到達 108°C。

· 溫度到達後，將鍋離火，再加入冷奶油丁 (7)，利用鍋中的餘溫將奶油丁融化 (8)。

數量　：40 個馬卡龍
準備時間：50 分鐘
烹調時間：每爐烤 10 ~ 12 分鐘
放置時間：1 小時

材料
**鹽焦糖內餡**
砂糖 280g
淡奶油 130g
優質鹹奶油丁 200g

**馬卡龍蛋白糊**
杏仁粉 200g
糖粉 200g
水 50ml
砂糖 200g
蛋白 75g×2 份（大約 5 個蛋的量）
濃縮咖啡少許
食用黃色素少許

1. 在厚底鍋中倒入少量砂糖，中火加熱至糖融化。

2. 砂糖融化後，再次加入少許砂糖，等待糖融化。

3. 再加入剩餘的砂糖，直到糖完全融化。

4. 加熱至糖變成焦糖色。

5. 以小火加熱，並將淡奶油分批次加入焦糖內。

6. 放入溫度計觀察溫度，直到溫度到達 108°C。

7. 關火，加入冷奶油丁。

8. 靠鍋中的餘溫將奶油融化。

# 鹽焦糖馬卡龍

## Macaron au caramel beurre salé

- 用食物調理棒將鍋中材料攪拌均勻 (9)，攪至鹽奶油焦糖內餡表面光亮 (10)。（也可以用木鏟攪拌，但是需要更長的時間。）

- 最後，把做好的鹽焦糖內餡倒入一個乾淨的容器內，放入冰箱冷藏，使鹽焦糖內餡變得黏稠。

製作馬卡龍外殼

- 以 170°C 預熱烤箱。

- 參考第 104 ～ 107 頁 1 ～ 16 步驟進行義式杏仁膏的基礎操作。

- 熱蛋白霜做好後，加入濃縮咖啡 (11) 和黃色素 (12)。（加入黃色使蛋白霜的顏色變成焦糖色而不是咖啡色，並使顏色變淡。）

- 最終的顏色會是非常淡的淺棕色 (13)。

- 把淺棕色蛋白霜與基礎杏仁蛋白糊混合，攪拌稀釋後，再加入剩餘的淺棕色蛋白霜，攪到質地細致，完成淺棕色馬卡龍蛋白糊 (14)。

- 將淺棕色馬卡龍蛋白糊裝到擠花袋的 ½ 量，在鋪有烘焙紙烤盤上將蛋白糊擠成略扁小球 (15)。用手掌輕拍烤盤底部，使馬卡龍蛋白糊表面光滑平整。

- 放入烤箱烤 10 ～ 12 分鐘，在烘烤過程中轉一次烤盤方向。

- 將烤熟的馬卡龍外殼放涼後再填餡。

開始組合

- 將總量一半的馬卡龍外殼翻面，同時用手指輕輕向下按壓外殼中央 (16)。

- 將鹽焦糖內餡裝入帶有平頭圓口小花嘴的擠花袋中。在每個背面朝上的馬卡龍外殼中央，擠一小球內餡 (17)。

- 再把正面朝上的馬卡龍外殼蓋在鹽焦糖內餡上 (18)，

- 覆蓋的同時輕輕下壓，使鹽焦糖內餡填到馬卡龍外殼的邊緣 (19)。

- 完成的馬卡龍排在大盤子內，放入冰箱冷藏 1 小時，直到內餡變硬，即可食用。也可將馬上龍放入密封盒內保存。

9 用食物調理棒或木鏟將鍋中的材料攪拌均勻。

10 這是拌好的奶油焦糖內餡。將內餡倒入一個乾淨的容器內，放入冰箱冷藏備用。

11 熱蛋白霜做好後，加入少許濃縮咖啡。

12 加入幾滴食用黃色素。

13 這是做好的馬卡龍蛋白霜應有的顏色。

14 把淺棕色蛋白霜與基礎杏仁蛋白糊混合，攪拌均勻，製成馬卡龍蛋白糊。

15 將淺棕色馬卡龍蛋白糊裝入擠花袋，在鋪有烘焙紙的烤盤上將蛋白糊擠成略扁的小球。放入 170℃ 烤箱內，烤 10 ～ 12 分鐘，在烘烤過程中轉一次烤盤方向。

16 將烤熟的馬卡龍外殼放涼，然後翻面，用手指在外殼中央輕輕按壓。

17 將鹽焦糖內餡擠在每個背面朝上的馬卡龍外殼中央。

18 再把正面朝上的馬卡龍外殼蓋在焦糖內餡上。

19 覆蓋的同時向下輕壓，使內餡填到馬卡龍外殼的邊緣。放冰箱冷藏至少 1 小時。

# 草莓馬卡龍
## Macaron à la fraise

製作草莓內餡

· 白巧克力切細碎,放到一個容器內。

· 把草莓的根部去掉,放入鍋中,加入砂糖,用橡皮刮刀將草莓壓碎 (1)。

· 用食物調理棒將草莓打成醬 (2),小火慢慢加熱後,將草莓醬過細篩網到白
  巧克力容器內 (3 和 4),使白巧克力融化 (5),再用刮刀輕輕攪拌 (6)。如果
  白巧克力沒有完全融化,可略微加熱,再攪拌均勻。

· 將做好的草莓巧克力醬內餡放入冰箱,至少冷藏 3 小時。如此,草莓巧克
  力醬內餡會逐漸變硬,品質也會非常完美。

數量：40 個
準備時間：50 分鐘
烹調時間：每爐烤 10 ～ 12 分鐘
內餡放置時間：3 小時以上
放置時間：1 小時

材料
**草莓巧克力醬內餡**
白巧克力 300g
草莓 300g
砂糖 30g

**馬卡龍蛋白糊**
杏仁粉 200g
糖粉 200g
水 50ml
砂糖 200g
蛋白 75g×2 份（大約 5 個蛋的量）
食用紅色素少許

1. 草莓對切後與砂糖一起放入鍋中加熱一邊用橡皮刮刀將草莓壓碎。

2. 用食物調理棒將鍋中的草莓打成醬汁。

3. 草莓醬汁用細篩網過濾到白巧克力容器內。

4. 保留過濾出來的草莓果肉。

5. 用熱草莓醬汁融化白巧克力。

6. 用橡皮刮刀輕輕攪拌至草莓巧克力內餡勻細潤滑，即可放入冰箱冷藏至少 3 小時。

141

# 草莓馬卡龍

## Macaron à la fraise

- 以 170°C 預熱烤箱。

- 參考第 104 ～ 107 頁 1 ～ 16 步驟進行義式杏仁膏的基礎操作。

- 當熱蛋白霜變涼後，加入少許食用紅色素 (7)，加入的量取決於色素的濃度。草莓馬卡龍的顏色 (8) 是比較淺的紅色。

- 取一部分紅色蛋白霜加入糖粉、杏仁粉和蛋白混合的蛋白糊中 (9)，攪拌稀釋均勻。

- 加入剩餘的紅色蛋白霜，攪拌至質地細致，完成紅色馬卡龍蛋白糊 (10)。

- 將紅色馬卡龍蛋白糊裝入擠花袋，在鋪有烘焙紙的烤盤上將蛋白糊擠成略扁的小球。

- 放入烤箱烤 10 ～ 12 分鐘，在烘烤過程中轉一次烤盤方向。

- 將烤熟的馬卡龍外殼放涼後再填餡。

開始組合

- 當草莓內餡變得濃稠，將總量一半的馬卡龍外殼翻面，同時用手指輕輕向下按壓外殼中央 (11)。

- 把所有馬卡龍外殼正面朝上放成一排，然後背面朝上再放成一排，交替排滿整個烤盤 (12)。

- 將草莓巧克力醬內餡裝入帶有平頭圓口小花嘴（直徑 5 ～ 7 公釐）的擠花袋中。在每個背面朝上的馬卡龍外殼中央，擠入小球內餡。再把旁邊正面朝上的馬卡龍外殼蓋在草莓巧克力醬內餡上 (13)。

- 覆蓋的同時輕輕下壓，使裡面的內餡填到馬卡龍外殼的邊緣，使馬卡龍內部不會太乾 (14 和 15)。

- 放入冰箱內冷藏 30 分鐘後再食用。

- 如果想要保存，需將其放入密封盒中。

7 準備製作馬卡龍外殼。當熱蛋白霜變涼後，加入少許食用紅色素。

8 逐漸加入紅色素，使蛋白霜的顏色變為草莓紅色。

9 紅色蛋白霜加入糖粉、杏仁粉和蛋白混合的蛋白糊中。

10 攪拌成質地均勻細膩的紅色馬卡龍蛋白糊。在鋪有烘焙紙的烤盤上將其擠成略扁的小球。放入 170°C 烤箱內，烤 10 ～ 12 分鐘。

11 將馬卡龍外殼翻面，同時用手指輕輕按壓外殼中央。

12 把所有馬卡龍的外殼正面朝上放成一排，然後背面朝上再放成一排，交替排滿整個烤盤。

13 將草莓巧克力醬內餡擠在每個背面朝上的馬卡龍外殼中央，再把旁邊正面朝上的馬卡龍外殼蓋在內餡上。

14 覆蓋的同時輕輕下壓，使內餡填到馬卡龍外殼的邊緣。

15 這是做好的草莓馬卡龍與尚未填入內餡的馬卡龍外殼的對照圖。

# 焦糖香蕉馬卡龍

*Macaron au caramel*
*à la banane*

製作焦糖香蕉內餡

· 把香蕉、檸檬汁和黑蘭姆放入食物調理機中打碎成汁。

· 白巧克力切細碎，放入一個容器內。

· 將砂糖放入一個厚底鍋中，以中火加熱 (1)。

· 糖融化後，繼續加熱至糖變成焦糖色 (2)。

· 關火，一點一點地倒入淡奶油 (3) 稀釋焦糖。

· 然後，加入檸檬蘭姆香蕉汁 (4)，用橡皮刮刀攪拌 (5)。

· 放入奶油丁，攪拌 (6) 至奶油融化。

· 把鍋中的所有材料倒入裝白巧克力碎的容器中 (7)。

· 輕輕攪拌 (8)，最後用食物調理棒 (9) 將焦糖香蕉內餡攪拌均勻，使其質地潤滑。

· 用保鮮膜密封好，放入冰箱內冷藏使其變得濃稠。

數量：40 個馬卡龍
準備時間：50 分鐘
烹調時間：每爐烤 10 ～ 12 分鐘
放置時間：1 小時

材料

**焦糖香蕉內餡**
去皮香蕉 200g
檸檬汁 2 大匙
黑蘭姆 1 大匙
白巧克力 280g
砂糖 80g
淡奶油 50g
奶油丁 40g

**馬卡龍蛋白糊**
杏仁粉 200g
糖粉 200g
水 50ml
砂糖 200g
蛋白 75g×2 份（大約 5 個蛋的量）
食用黃色素、紅色素少許
無糖可可粉 40g

1 香蕉、檸檬汁和黑蘭姆放入食物調理機中打碎成汁。將砂糖放入厚底鍋中，中火加熱。

2 糖融化後，繼續加熱至糖變成焦糖色。

3 將淡奶油一點一點慢慢倒入焦糖中。

4 攪拌均勻後，加入檸檬蘭姆香蕉汁。

5 用橡皮刮刀攪拌均勻。

6 加入奶油丁。

7 步驟 6 攪拌均勻後，倒入裝白巧克力碎的容器中。

8 輕輕攪拌。

9 最後，用食物調理棒將焦糖香蕉內餡攪拌至質地潤滑，放入冰箱冷藏，然後準備做馬卡龍外殼。

# 焦糖香蕉馬卡龍
## Macaron au caramel à la banane

· 以 170°C 預熱烤箱。

· 參考第 104 ～ 107 頁 1 ～ 16 步驟進行義式杏仁膏的基礎操作。當熱蛋白霜
  變涼後,加入幾滴食用黃色素 (10) 及一滴紅色素染色。

· 攪拌均勻後蛋白霜應呈黃色 (11),且帶有些微的橙色(不是檸檬黃而是香蕉
  黃)。

· 取一部分香蕉黃色蛋白霜與杏仁蛋白糊混合,攪拌稀釋 (12) 後,加入剩餘
  的香蕉黃色蛋白霜,攪至質地細膩,完成淡香蕉黃色馬卡龍蛋白糊 (13)。

· 將香蕉黃色馬卡龍蛋白糊裝入擠花袋,在鋪有烘焙紙的烤盤上將蛋白糊擠成
  略扁的小球 (14)。

· 輕輕拍打烤盤底部,使馬卡龍蛋白糊的表面更加光滑平整。

· 然後,取一小撮可可粉,撒在蛋白糊表面,模擬香蕉皮的斑點 (15)。

· 放入烤箱烤 10 ～ 12 分鐘,在烘烤過程中轉一次烤盤方向。

開始組合

· 將總量一半的馬卡龍外殼翻面,同時用手指輕輕按壓外殼中央 (16)。把所有
  馬卡龍外殼正面朝上排一排,然後背面朝上也放一排,交替排滿整個烤盤。

· 將焦糖香蕉內餡裝入帶有平頭圓口小花嘴的擠花袋中。將其擠在每個背面朝
  上的馬卡龍外殼中央 (17)。

· 在所有背面朝上的馬卡龍外殼上擠入內餡後 (18),把旁邊正面朝上的馬卡龍
  外殼蓋在焦糖香蕉內餡上 (19)。

· 蓋好的同時向下輕壓,使內餡填到馬卡龍外殼的邊緣 (20)。接著將做好的焦
  糖香蕉馬卡龍放入冰箱冷藏 1 小時後再食用,或放入密封盒內保存。

10 熱蛋白霜變涼後，加入幾滴食用黃色素及一滴紅色素。

11 這是混合好的馬卡龍蛋白霜顏色。

12 將香蕉黃色蛋白霜與杏仁蛋白糊混合。

13 攪拌至質地均勻細膩，完成淡香蕉黃色馬卡龍蛋白糊。

14 將香蕉黃色馬卡龍蛋白糊裝入擠花袋，在鋪有烘焙紙的烤盤上將蛋白糊擠成略扁的小球。

15 取一小撮可可粉，撒在蛋白糊表面，模擬香蕉皮的斑點。放入 170°C 烤箱內，烤 10 ～ 12 分鐘。

16 待馬卡龍外殼變涼後，將總量的一半翻面，同時用手指輕輕按壓外殼中央。

17 將焦糖香蕉內餡擠在馬卡龍外殼中央。

18 每個背面朝上的馬卡龍外殼上都擠入內餡。

19 把旁邊正面朝上的馬卡龍外殼蓋在焦糖香蕉內餡上。

20 覆蓋的同時輕輕下壓，使內餡填到馬卡龍外殼的邊緣。將做好的焦糖香蕉馬卡龍放入冰箱，冷藏至少 1 小時後再食用。

# 玫瑰馬卡龍

## Macaron à la rose

· 在鍋內倒水，準備隔水加熱。

· 把全蛋、蛋黃和砂糖倒入一個容器內 (1)，放在熱水鍋上，同時利用電動打蛋器將蛋液攪打均勻 (2)。

· 打到蛋液充滿小氣泡，顏色發白 (3)。

· 當蛋液愈來愈熱，溫度高過手指溫度 (4)，將其從熱水鍋上取下，繼續攪打至溫度下降，即可分批加入回溫後的奶油 (5)，攪拌至質地潤滑 (6)。

· 加入玫瑰水和玫瑰糖漿來增加內餡的香味。

· 品嘗一下味道，檢查玫瑰奶油醬內餡的玫瑰味是否夠濃。

數量 ：40 個
準備時間：50 分鐘
烹調時間：每爐烤 10 ～ 12 分鐘
放置時間：1 小時

**材料**

**玫瑰奶油霜內餡**
蛋 2 個
蛋黃 1 個
砂糖 80g
奶油（室溫回軟）230g
玫瑰水 10ml
玫瑰糖漿（用來調整風味
並增香）10g

**馬卡龍蛋白糊**
杏仁粉 200g
糖粉 200g
水 50ml
砂糖 200g
蛋白 75g×2 份（大約 5 個
蛋的量）
食用紅色素少許

1. 把全蛋、蛋黃和砂糖倒入一個容器內。

2. 將容器放在熱水鍋上，同時用手持電動打蛋器將全蛋、蛋黃和砂糖攪打均勻。

3. 攪到蛋液充滿小氣泡，顏色發白為止。

4. 當蛋液愈來愈熱，將其從熱水鍋上取下，繼續攪拌至溫度下降變溫。（可以用手指感覺蛋液溫度。）

5. 加入回溫後的奶油。

6. 攪拌均勻，使質地潤滑細緻，加入玫瑰水和玫瑰糖漿來增加內餡香味。

# 玫瑰馬卡龍

*Macaron à la rose*

製作馬卡龍外殼

· 以 170°C 預熱烤箱。參考第 104 〜 107 頁 1 〜 16 步驟進行義式杏仁膏的基礎操作。

· 熱蛋白霜變涼後，加幾滴食用紅色素 (7)，染好的理想顏色應是淺粉色 (8)。

· 取一部分淺粉色蛋白霜與杏仁蛋白糊（糖粉＋杏仁粉＋蛋白）混合 (9)，攪拌稀釋 (10)。

· 之後，再加入剩餘的淺粉色蛋白霜，攪拌至質地細膩均勻，完成粉色馬卡龍蛋白糊 (11)。

· 將淺粉色馬卡龍蛋白糊裝滿擠花袋的 ½ 量，在鋪有烘焙紙的烤盤上將蛋白糊擠成心形。可以先擠出一個水滴形，在旁邊再擠一個水滴形，使 2 個水滴黏在一起，形成愛心形 (12)。

· 輕輕拍打烤盤底部，使蛋白糊更加光滑平整。放入預熱至 170°C 的烤箱烤10 〜 12 分鐘，在烘烤過程中轉一次烤盤方向。

· 將烤熟的馬卡龍外殼放涼後再填餡。

開始組合

· 將總量一半的馬卡龍外殼翻面，同用手指輕輕按壓中央 (13)。

· 拌一下玫瑰奶油霜內餡，將內餡輕輕裝入帶有平頭圓口小花嘴的擠花袋中。

· 在每個背面朝上的馬卡龍外殼中央，擠上心形內餡 (14)。

· 再把旁邊正面朝上的馬卡龍外殼蓋在玫瑰奶油醬內餡上 (15)，

· 覆蓋的同時輕輕下壓，使內餡填到馬卡龍外殼的邊緣，這樣馬卡龍內部就不會太乾 (16)。

· 放入冰箱，冷藏 30 分鐘，變硬後食用。如果想保存馬卡龍，可以參考第103 頁的保存建議。

Tips

· 也可以在每個馬卡龍中間放半個覆盆子，增加馬卡龍的風味。

熱蛋白霜變溫後，加入幾滴食用紅色素。

調和好的馬卡龍蛋白霜顏色會呈現淡粉色。

取一部分淺粉色蛋白霜與杏仁蛋白糊（糖粉＋杏仁粉＋蛋白）混合。

稀釋杏仁蛋白糊，拌勻。

加入剩餘的淺粉色蛋白霜，攪拌均勻。

將蛋白糊放入擠花袋，在鋪有烘焙紙的烤盤上將蛋白糊擠成心形，放入烤箱烤。

將烤熟的馬卡龍外殼放涼後翻面，同時用手指輕按壓中央。

玫瑰奶油醬內餡輕輕攪拌一下再裝入擠花袋中。在每個背面朝上的馬卡龍外殼中央，擠上心形內餡。

把旁邊正面朝上的馬卡龍外殼蓋在玫瑰奶油醬內餡上。

這是製作好的玫瑰馬卡龍。

# 葡萄柚草莓馬卡龍

*Macaron pamplemousse fraise vanille*

製作卡士達醬

· 將牛奶倒入鍋中,以中火加熱。

· 用小刀將香草豆莢對半切開,刮下裡面的籽,一起放入牛奶鍋中 (1)。

· 把蛋黃和砂糖倒入一個容器內 (2),攪拌均勻。再加入玉米粉和麵粉 (3),繼續攪拌。

· 將煮開的牛奶逐漸倒入蛋液麵糊中,不停攪拌 (4),然後再倒回鍋內。

· 中火加熱,同時不停攪拌,煮開後續滾 30 秒鐘,使混合液變稠 (5)。

· 離火,加入奶油丁 (6),攪拌均勻。

· 把做好的卡士達醬倒入一個容器內,封上保鮮膜,放在陰涼處保存備用。

製作馬卡龍外殼

· 以 170°C 預熱烤箱

· 參考第 104 ～ 107 頁 1 ～ 16 步驟進行義式杏仁膏的基礎操作。

· 當熱蛋白霜變涼後,加入少許食用紅色素 (7)。

· 理想的馬卡龍蛋白霜,應該是鮮亮的粉色 (8)。

· 取一部分粉色蛋白霜與杏仁蛋白糊(糖粉＋杏仁粉＋蛋白)混合 (9),攪拌稀釋。

數量：20 個

準備時間：50 分鐘

烹調時間：每爐烤 12 ～ 15 分鐘

放置時間：1 小時

| 材料 | 馬卡龍蛋白糊 | 內餡 |
|---|---|---|
| **卡士達醬** | 杏仁粉 200g | 粉色葡萄柚或紅葡萄柚 2 個 |
| 新鮮全脂牛奶 250ml | 糖粉 200g | 新鮮草莓 500g |
| 香草豆莢 1 根 | 水 50ml | 橙花水 15g |
| 蛋黃 6 個 | 砂糖 200g | 糖粉（裝飾用）少許 |
| 砂糖 125g | 蛋白 75g×2 份 | |
| 玉米粉 50g | （大約 5 個蛋的量） | |
| 麵粉 10g | 食用紅色素少許 | |
| 奶油丁 50g | | |

1 用小刀將香草豆莢對半切開，刮下裡面的籽，一起放入牛奶鍋中，以中火加熱。

2 把蛋黃和砂糖倒入一個容器內，攪拌均勻。

3 加入玉米粉和麵粉，續拌。

4 將煮開的牛奶逐漸倒入蛋液麵糊中，並不停攪拌。

5 然後將步驟 4 的混合物倒回鍋中，以中火加熱。同時不停攪拌，煮開後續滾 30 秒，使液體變濃稠。

6 離火，加入奶油丁，攪拌均勻。把做好的卡士達醬倒入一個容器內，封上保鮮膜冷藏，保存備用。

7 接下來製作馬卡龍外殼。在熱蛋白霜變涼後，加入少許食用紅色素。

8 這是做好的馬卡龍蛋白霜呈現的顏色。

9 取一部分粉色蛋白霜與杏仁蛋白糊混合，攪拌稀釋。

153

# 葡萄柚草莓馬卡龍

*Macaron pamplemousse*
*fraise vanille*

- 加入剩餘的粉色蛋白霜，攪拌至質勻細致，完成粉色馬卡龍蛋白糊 (10)。
- 將粉色馬卡龍蛋白糊裝入擠花袋，在鋪有烘焙紙的烤盤上將蛋白糊擠成 20 個直徑 6 公分的扁球 (11)。
- 用手掌輕輕拍打烤盤底部 (12)。
- 擠 20 個直徑 6 公分的圓圈，作為馬卡龍的頂蓋 (13)。
- 放入烤箱烤 12 ～ 15 分鐘，在烘烤過程中調整一次烤盤方向。
- 烤熟的馬卡龍外殼放涼後再填餡。

開始組合

- 馬卡龍外殼翻面，放在乾淨的盤子上。
- 用一把鋒利的刀子將葡萄柚果肉取出，放在吸水紙上，吸乾表面水分。
- 把草莓根部去掉，縱向對切。
- 攪拌卡士達醬，使其均勻一致，質地柔軟。
- 卡士達醬裝入擠花袋中，在背面朝上的馬卡龍外殼中央擠出球形內餡 (14)。
- 在醬的周圍交替放上 ½ 個柚子瓣和 ½ 個草莓，圍成一圈 (15)
- 然後，用刷子蘸橙花水，刷在水果表面 (16)。
- 再用卡士達醬覆蓋 (17)。
- 撒些糖粉後 (18)，把馬卡龍圓圈外殼蓋在上面，頂部再放上一個草莓 (19)。
- 放入冰箱冷藏 20 分鐘即可食用。

10 加入剩餘的粉色蛋白霜，攪拌至質地均勻細致，完成粉色馬卡龍蛋白糊。

11 將粉色馬卡龍蛋白糊裝入擠花袋，在鋪有烘焙紙的烤盤上擠出 20 個直徑 6 公分的圓扁球。

12 輕輕拍打烤盤底部，使馬卡龍蛋白糊表面平整光滑。

13 在另一個烤盤上，擠入 20 個直徑 6 公分的粉色蛋白糊圓圈。將 2 個烤盤放入 160℃ 烤箱內，烤 12 ～ 15 分鐘。

14 水果處理好後，將卡士達醬裝入擠花袋中。在背面朝上的馬卡龍外殼中央擠一球卡士達醬。

15 在卡士達醬周圍放上水果。

16 在水果表面刷一層橙花水。

17 再一次將卡士達醬擠在水果上面。

18 撒上一層薄薄的糖粉。

19 把馬卡龍的外殼圓圈蓋在上面，再放上一個草莓。放冰箱冷藏 20 分鐘，即可食用。

# 百香果巧克力馬卡龍
## Macaron Passion chocolat

製作馬卡龍外殼

· 以 170°C 預熱烤箱。

· 將香脆薄餅捲 (1) 捏碎 (2)。

· 將蛋白倒入攪拌碗內，快速攪拌。

· 打至蛋白起泡時，撒入砂糖 (3)，繼續攪拌約 10 分鐘。

· 在這期間，將糖粉過細篩網到一個容器內 (4)，加入杏仁粉 (5)，用打蛋器攪拌均勻 (6)。

· 蛋白霜打好後，加入濃縮咖啡染色 (7)，使蛋白霜的顏色變成淺棕色 (8)。

數量：20 個大尺寸馬卡龍
準備時間：40 分鐘
烹調時間：每爐烤 12 ～ 15 分鐘
放置時間：1 小時

材料

**馬卡龍蛋白糊**
蛋白 105g（約 3.5 個蛋的量）
砂糖 25g
糖粉 225g
杏仁粉 125g
濃縮咖啡（著色用）少許
香脆薄餅捲（裝飾用）6 根
無糖可可粉 50g

**百香果巧克力內餡**
百香果果汁 150g
砂糖 25g
牛奶巧克力 340g
奶油丁 60g

＋ 50g 百香果果汁
（組合用）

1　準備好要用的香脆薄餅捲。

2　用手指將薄餅捲捏成碎片，擱置備用。

3　將蛋白倒入攪拌碗內，快速攪拌。蛋白打至起泡時，一點一點地撒入 25g 砂糖，繼續攪拌 10 分鐘。

4　糖粉過細篩網到一個容器中。

5　加入杏仁粉。

6　用打蛋器將糖粉與杏仁粉攪拌均勻。

7　蛋白霜打好後，加入濃縮咖啡染色。

8　做好的馬卡龍蛋白霜應該呈淺棕色。

# 百香果巧克力馬卡龍
## Macaron Passion chocolat

- 將杏仁糖粉倒入棕色蛋白霜內 (9)，用橡皮刮刀輕輕攪拌 (10)。攪到馬卡龍蛋白糊變成半流體（參考第 104 頁的基礎操作步驟）。

- 將馬卡龍蛋白糊裝入擠花袋，在鋪有烘焙紙的烤盤上擠出直徑約 6 公分的扁球。輕輕拍打烤盤底部，使蛋白糊更加光滑平整。最後，在蛋白糊表面撒上薄餅捲碎 (11) 及過細篩網的可可粉 (12)。

- 放入烤箱烤 12 ～ 15 分鐘，在烘烤過程中調整一次烤盤方向。

### 製作百香果巧克力內餡

- 150g 百香果果汁和砂糖一起放入鍋中 (13)，小火加熱至滾。

- 把牛奶巧克力切碎，隔水加熱或放入微波爐內加熱融化。

- 百香果糖漿煮開後，倒入融化的牛奶巧克力中，用橡皮刮刀攪拌 (14)，攪至所有材料混合均勻，質地光滑明亮。

- 加入奶油丁 (15)，攪至奶油完全融化，與百香果巧克力醬完全混合 (16)。

- 把做好的百香果巧克力內餡放 30 分鐘冷卻。

### 開始組合

- 當馬卡龍外殼烤熟冷卻後，全部翻面放在烤盤上。然後，用刷子蘸百香果果汁，刷在馬卡龍外殼的背面 (17)（只須刷上薄薄的一層，否則會破壞馬卡龍外殼）。

- 當百香果巧克力內餡變濃稠，裝入帶有平頭圓口的擠花袋中，在總量一半的馬卡龍外殼背面擠出螺旋形內餡 (18)。

- 把另一半馬卡龍外殼，蓋在百香果巧克力內餡上 (19)。

- 製作好的百香果巧克力馬卡龍冷藏 30 分鐘後即可食用。

將杏仁糖粉（糖粉＋杏仁粉）
倒入棕色蛋白霜內。

用橡皮刮刀輕輕攪拌，攪至馬
卡龍蛋白糊變成半流體。將蛋
白糊裝入擠花袋，在鋪有烘焙
紙的烤盤上擠出直徑約 6 公分
的扁球。

輕輕拍打烤盤底部，在蛋白
糊表面撒上薄餅捲碎片。

撒上過細篩網的可可粉。放入
170°C 烤箱烤 12 ～ 15 分鐘。

在烘烤期間，製作內餡。將
百香果果汁和砂糖放鍋中，
小火加熱至滾。把牛奶巧克
力放入微波爐加熱融化。

將煮開的百香果糖漿慢慢倒
入融化的牛奶巧克力中，攪
拌均勻。

加入奶油丁。

攪至奶油完全融化與百香果巧
克力醬完全混合，且表面光亮
。放入冰箱冷藏約 30 分鐘，
使其變硬。

將烤熟冷卻的馬卡龍外殼翻
面，然後刷上百香果果汁。

將百香果巧克力內餡裝入擠花
袋中，在馬卡龍外殼背面擠
成螺旋狀。

把剩下的馬卡龍外殼分別蓋
在百香果巧克力內餡上，放
冰箱冷藏 30 分鐘即可食。

# 檸檬覆盆子馬卡龍
## Macaron au citron et framboises

**製作檸檬內餡**

· 參考第 116 頁的步驟製作,但是不要加入羅勒。

· 製作好的檸檬內餡冷卻後保存備用。

**製作覆盆子果醬**

· 將覆盆子、砂糖和茴香籽放入鍋中,中火加熱,煮開 5 分鐘。

· 用鏟子不停攪拌,並壓碎覆盆子。

· 當覆盆子果醬煮開,湯汁變濃稠時,加入茴香酒和檸檬汁。離火,放涼,使其變硬。

**製作檸檬馬卡龍外殼**

· 以 170°C 預熱烤箱。

· 參考第 104 ～ 107 頁 1 ～ 16 步驟進行義式杏仁膏的基礎操作。

· 當熱蛋白霜變涼後,加入少許食用黃色素 (1)。

· 繼續攪拌均勻,使黃色蛋白霜 (2 和 3) 質地光滑且明亮。

· 取一部分黃色蛋白霜與杏仁蛋白糊混合 (4),攪拌稀釋後,加入剩餘的黃色蛋白霜,攪拌均勻,完成黃色馬卡龍蛋白糊 (5)。

數量：20 個
準備時間：60 分鐘
烹調時間：每爐烤 12 ～ 15 分鐘
放置時間：2 小時以上

材料

**檸檬內餡**
檸檬汁 130g（2.5 個檸檬）
砂糖 135g
蛋 140g（3 個中等大小的蛋）
奶油丁 175g
吉利丁片 1 片

**茴香味覆盆子果醬內餡**
新鮮覆盆子 175g
砂糖 100g
茴香籽 1 小撮（非必需添加）
茴香酒 2 大匙
檸檬汁 1 大匙

**馬卡龍蛋白糊**
杏仁粉 200g
糖粉 200g
水 50ml
砂糖 200g
蛋白 75g ×2 份（大約 5 個蛋白）
食用黃色素少許
食用紅色素（裝飾用）
少許
乾淨牙刷 1 把

新鮮覆盆子 250g

1 熱蛋白霜變涼後，加入少許食用黃色素。

2 馬卡龍蛋白霜的顏色應該呈深黃色。

3 圖為做好的馬卡龍蛋白霜應有的顏色。

4 取一部分黃色蛋白霜與杏仁蛋白糊混合，攪拌稀釋。

5 加入剩餘的黃色蛋白霜，攪拌均勻，完成半流體的黃色馬卡龍蛋白糊。

# 檸檬覆盆子馬卡龍

*Macaron au citron*
*et framboises*

· 將黃色馬卡龍蛋白糊裝入帶有平頭圓口花嘴的擠花袋中，在鋪有烘焙紙的烤盤上將蛋白糊擠成直徑 6 公分的略扁小球 (6)。

· 輕輕拍打烤盤底部，使馬卡龍蛋白糊表面光滑平整。

· 牙刷的一頭蘸些純紅色素 (7)，用手指輕刮牙刷頭部，使上面的紅色素噴濺在馬卡龍蛋白糊表面 (8) 形成斑點，作為裝飾 (9)。重複此方法，在所有馬卡龍蛋白糊表面噴濺紅色素斑點。

· 放入烤箱烤 12 ～ 15 分鐘，在烘烤過程中調一次烤盤方向。

· 將烤熟的馬卡龍外殼放涼，翻面放在烘焙紙上。

開始組合

· 用一把小勺，將茴香味覆盆子果醬抹在總量一半的馬卡龍外殼表面 (10)。

· 然後在果醬周邊均勻的排放 5 個覆盆子 (11)。

· 擠花袋裝上直徑 8 公釐的平頭圓口花嘴後，放入檸檬內餡。

· 將內餡擠在每個覆盆子間隔的縫隙處 (12)，及頂部中間 (13)。

· 最後，把另一半馬卡龍外殼分別蓋在填好內餡的馬卡龍上面 (14)。

· 做好的檸檬覆盆子馬卡龍排在盤子內，冷藏 30 分鐘後即可食用。

將黃色馬卡龍蛋白糊裝入擠花袋中，在鋪有烘焙紙烤盤上擠成直徑 6 公分略扁小球。輕輕拍打烤盤底部，使馬卡龍蛋白糊表面光滑平整。

在牙刷的一頭蘸些紅色素。

用手指輕刮牙刷頭，讓紅色素噴灑在馬卡龍蛋白糊上。

紅色素在表面形成紅色斑點，妝點馬卡龍。放入 170°C 烤箱內，烤 12 ～ 15 分鐘。

烤熟的馬卡龍外殼翻面。用一把小湯匙，將茴香味覆盆子果醬均勻抹在總量一半的馬卡龍上。

然後在果醬周邊均勻地排放 5 個覆盆子。

把檸檬內餡裝入擠花袋中，將內餡擠在每個覆盆子間隔的縫隙處。

在覆盆子頂部中間處，也擠上檸檬內餡。

最後，把另一半馬卡龍外殼分別蓋在填好內餡的馬卡龍上。放入冰箱，冷藏至少 30 分鐘，即可食用。

# 義大利橙味杏仁餅乾
## Amaretti à l'orange

・提前一晚，將砂糖 175g、杏仁粉和糖漬柳丁放入食物調理機中 (1)。

・加入 2 個蛋白 (2)，一起攪碎 (3)。

・攪到所有材料混成均勻的杏仁蛋白糊，無大顆粒 (4)。

・然後，將另外 2 個蛋白放入攪拌機中打發。

・蛋白充滿氣泡時，慢慢加入砂糖 50g(5)，繼續將蛋白打至硬性發泡 (6)。

數量：約 60 塊
準備時間：20 分鐘
乾燥時間：1 晚
烹調時間：每爐烤 8 ～ 10 分鐘

材料
砂糖 175g
杏仁粉 140g
優質糖漬柳丁 50g（可參考第 188 頁）
蛋白 2 ＋ 2 個
砂糖 50g
＋糖粉少許

1 將砂糖、杏仁粉和糖漬柳丁放入食物調理機中。

2 加入 2 個蛋白。

3 攪拌 2 分鐘。

4 攪至所有的材料混勻成杏仁蛋白糊。

5 將另外 2 個蛋白放入攪拌機中打發。當蛋白充滿氣泡時，慢慢加入砂糖。

6 攪打至蛋白硬性發泡，變成蛋白霜。

# 義大利橙味杏仁餅乾

*Amaretti à l'orange*

- 把蛋白霜與杏仁蛋白糊混合 (7)，用橡皮刮刀攪拌，完成濃稠的橙味杏仁餅乾糊 (8)。

- 將餅乾糊裝入帶有平頭圓口花嘴的擠花袋中，在鋪有烘焙紙的烤盤上擠成直徑 1 公分的小球 (9)。

- 輕輕拍打烤盤底部，使橙味杏仁餅乾麵糊表面光滑平整。再用細篩網，把糖粉撒在麵糊表面 (10)。

- 常溫放置一晚，表面不用覆蓋任何東西，使其風乾。

- 第二天，將烤箱以 180°C 預熱。

- 用 2 根手指，在乾燥的橙味杏仁餅乾麵糊表面捏一下 (11 和 12)。

- 放入烤箱，烤十幾分鐘，直到橙味杏仁餅乾變成金黃色。

- 從烤箱取出後，將 200ml 水倒入烤盤與烘焙紙之間 (13)。如此才容易將黏在烘焙紙上的橙味杏仁餅乾取下。

- 橙味杏仁餅乾變涼之後再從烘焙紙上取下，並且將 2 個橙味杏仁餅乾底部黏在一起 (14)。更簡單的方法是，在橙味杏仁餅乾烤熟後仍保持潮濕狀態時，將杏仁餅乾黏在一起。

- 把做好的義大利橙味杏仁餅乾放在盤子裡，乾燥 1 小時後再食用。

- 也可放入金屬密封盒中保存。

蛋白霜與杏仁蛋白糊混合。

用橡皮刮刀攪拌，完成濃稠的橙味杏仁餅乾糊。

將橙味杏仁餅乾糊裝入擠花袋中，在鋪有烘焙紙的烤盤上擠成直徑 1 公分的小球。

用細篩網，在餅乾糊表面撒上糖粉，靜置風乾一晚。

第二天，以 180°C 預熱烤箱。用 2 根手指，在乾燥的橙味杏仁餅乾麵糊表面捏一下。

捏好會呈圖片中的樣子，然後將其放入烤箱，烤 8 ～ 10 分鐘。

將烤好的橙味杏仁餅乾從烤箱取出後，在烤盤與烘焙紙之間倒入 200ml 水。

橙味杏仁餅乾變涼之後從烘焙紙上取下，並將 2 個橙味杏仁餅乾底部蘸水黏在一起。乾燥 1 小時後即可保存或品嚐。

# 老式馬卡龍

## Macarons à l'ancienne

製作外殼及內餡

· 以 160°C 預熱烤箱。

· 在鍋中倒入一半水，以中火加熱，準備隔水加熱。

· 將杏仁粉和砂糖倒入一個容器內 (1)，加入蜂蜜 (2)，幾滴苦杏仁香精（注意
  用量，因為它的味道很衝）和蛋白 (3)。

· 用橡皮刮刀攪拌 (4)，和成比較濃稠的杏仁蛋白團 (5)。

· 然後把裝有杏仁蛋白團的容器
  放到熱水鍋上，不停攪拌 (6)。

· 透過加熱，杏仁蛋白團會變稀
  (7)，變成馬卡龍蛋白糊。

· 當溫度微超過手指溫度時，將
  其從熱水鍋上取下。

· 預先取出 2 大匙的馬卡龍蛋白
  糊保存備用。

數量 ：60 個
準備時間：25 分鐘
烹調時間：每爐烤 20 分鐘

材料
杏仁粉 200g
砂糖 300g
蜂蜜 15g
苦杏仁香精數滴
蛋白 4 個

＋糖粉（撒在表面）少許

1 將杏仁粉和砂糖倒入同一個容器內。

2 加入蜂蜜。

3 加幾滴苦杏仁香精與蛋白。

4 用橡皮刮刀拌。

5 攪成比較濃稠的杏仁蛋白團。

6 把裝有杏仁蛋白團的容器放到熱水鍋上，同時不停攪拌。

7 加熱至溫度微微高過手指的溫度即可，攪拌至杏仁蛋白麵團變稀，形成麵糊。

# 老式馬卡龍

## Macarons à l'ancienne

- 將馬卡龍蛋白糊裝入帶有平頭圓口花嘴的擠花袋中，在鋪有烘焙紙的烤盤上將蛋白糊擠成略扁的小球 (8)。

- 將吸水紙蘸濕，輕輕地將水蘸在每個馬卡龍蛋白糊球表面，使蛋白糊表面濕潤 (9)。

- 然後，撒上糖粉 (10)。

- 完成後，每個馬卡龍蛋白糊球表面將光滑明亮 (11)。

- 放入烤箱，烤 20 分鐘左右，並隨時觀察馬卡龍顏色。

- 烤熟的馬卡龍顏色應該均勻一致 (12)。

### 開始組合

- 馬卡龍從烤箱取出後，將一杯水倒入烤盤與烘焙紙之間 (13)。再次在馬卡龍表面撒上一層糖粉 (14)，待其完全冷卻。

- 然後翻面放在一個乾燥的盤子上 (15)。

- 用一把小刀 (16)，取少量之前預留的生馬卡龍蛋白糊，抹在馬卡龍外殼背面 (17)，再將另外一個空馬卡龍外殼蓋在上面 (18)，輕輕按壓，直到看不見內餡為止 (19)。

8 把預先留出 2 大匙馬卡龍蛋白糊，剩餘的裝入擠花袋中，在鋪有烘焙紙的烤盤上將蛋白糊擠成略扁的小球。

9 將吸水紙蘸濕後，輕輕地在每個馬卡龍蛋白糊球的表面沾水，使表面濕潤。

10 用細篩網，將糖粉均勻撒在蛋白糊表面。

11 這是烘烤前的馬卡龍蛋白糊小球，小球面光滑明亮。

12 然後將蛋白糊球放 160 ℃ 烤箱內，烤 20 分鐘左右。

13 從烤箱取出後，將一杯水倒入烤盤與烘焙紙之間。

14 在馬卡龍外殼的表面撒上一層糖粉，待其完全冷卻。

15 馬卡龍翻面放在一個表面乾燥的盤子上。

16 用小刀取少許之前預留的生馬卡龍蛋白糊。

17 將蛋白糊抹在馬卡龍外殼的背面處。

18 蓋上另外一個空馬卡龍外殼。

19 輕輕按壓馬卡龍外殼，直到看不見內餡。

# 芒果馬卡龍

## Macaron à la mangue

製作焦糖鹹奶油

· 將 ½ 的砂糖倒入厚底鍋中，中火加熱。

· 砂糖融化後（顏色呈淺黃色），加入另外 ½ 砂糖，繼續加熱至糖融化。

· 小火加熱至砂糖變成焦糖色。

· 此時分批加入淡奶油，同時小心攪拌，直到焦糖被稀釋。

· 淡奶油全部加入焦糖中後，放入溫度計測量溫度。

· 一旦溫度到達 108°C，立即離火。加入冷奶油丁。

· 攪拌至奶油完全融化，混合均勻，即製成焦糖鹹奶油。用保鮮膜密封好，常溫保存備用（焦糖奶油要變得濃稠，但不能完全凝固）。

製作馬卡龍外殼

· 以 170°C 預熱烤箱。

· 參考第 104 ～ 107 頁 1 ～ 16 步驟進行義式杏仁膏的基礎操作。

· 當熱蛋白霜變涼後，加入少許食用黃色素和紅色素 (1)。最終蛋白霜的顏色是比較深的橙色 (2)。

· 取一部分橙色蛋白霜與杏仁蛋白糊混合 (3)，攪拌稀釋後，再加入剩餘的橙色蛋白霜，攪拌均勻且質地細膩 (4)，形成橙色馬卡龍蛋白糊。

數量：2 個 6 ～ 8 人份的馬卡龍
準備時間：1 小時
烹調時間：每爐烤 20 分鐘
放置時間：1 小時

材料

**內餡**

砂糖 140g
淡奶油 65g
鹹奶油 100g
新鮮成熟的芒果 1 個
蜂蜜 1 大匙
檸檬汁 ½ 個
卡士達醬 250g（參考第 152 頁）
奶油霜 250g（參考第 148 頁）

**馬卡龍蛋白糊**

砂糖 220g
杏仁粉 200g
砂糖 200g
蛋白 75g ×2 份（重要！）
水 50ml

**組合**

食用黃色素少許
食用紅色素少許
＋水果（裝飾用）適量

1　在準備好內餡和杏仁蛋白糊後，等熱蛋白霜變涼，加入少許食用黃色素和紅色素。

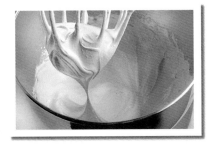

2　攪拌至蛋白霜的顏色轉變成深橙色。

3　取⅓的橙色蛋白霜與杏仁蛋白糊混合。

4　加入剩餘的橙色蛋白霜，攪拌至質地細膩，完成橙色馬卡龍蛋白糊。

# 芒果馬卡龍

*Macaron à la mangue*

- 烘焙紙剪成直徑 18 ～ 20 公分的圓形。將馬卡龍蛋白糊裝入帶有花嘴的擠花袋中，在鋪有圓形烘焙紙的烤盤上，將蛋白糊擠成螺旋餅狀 (5) 擠滿整片圓形烘焙紙。

- 不需輕輕拍打烤盤底部，直接將蛋白糊放入烤箱，烤 15 分鐘，在烘烤過程中調轉一次烤盤方向。

製作內餡

- 芒果去皮，切成 1 公分寬的小丁。

- 煎鍋中倒入蜂蜜，中火加熱。

- 然後加入芒果丁和檸檬汁 (6)，翻炒 2 分鐘左右，倒入一個容器內，放入冰箱冷藏。

- 將卡士達醬攪打至質地細致。

- 再把奶油霜放入一個容器內，攪打至均勻一致，光滑細致。

- 與 170g 的焦糖鹹奶油混合（剩餘的保留），充分攪打。再加入卡士達醬，攪拌均勻。

- 這時的奶油霜稱為「慕斯琳奶油霜」，其質潤滑且均勻。

開始組合

- 做好的奶油霜裝入擠花袋中，在馬卡龍外殼背面邊緣擠出一個圓圈 (7)。接著在馬卡龍外殼中心部位擠一個小圓餅 (8)。

- 用小湯匙把蜂蜜芒果丁鋪在中心部分的奶油霜上 (9)。利用擠花袋或小湯匙淋上焦糖內餡 (10)。

- 再覆蓋一層薄薄的奶油霜 (11)。然後，把馬卡龍外殼蓋在內餡上面 (12)。

- 冷藏 1 小時後，在芒果馬卡龍外面裝飾一些水果，即可食用。

5 將橙色蛋白糊裝入擠花袋中，然後在鋪有圓形烘焙紙的烤盤上將橙色蛋白糊擠成直徑 18 ～ 20 公分的螺旋餅。將其放入 170°C 烤箱內，烤 15 ～ 20 分鐘，在烘烤過程中調一次烤盤方向。

6 在煎鍋中倒入蜂蜜，然後加入芒果丁和檸檬汁翻炒。起鍋後，倒入一個容器內，放入冰箱冷藏。

7 參考前頁步驟製作慕斯琳奶油霜，然後裝入擠花袋，在馬卡龍外殼背面的邊緣處擠出一個圓圈。

8 在中心部位擠出一個圓餅。

9 用小湯匙把蜂蜜芒果丁鋪在中心奶油霜上。

10 用裝有焦糖內餡的擠花袋或小匙在內餡上淋滿焦糖。

11 在焦糖上再覆蓋一層薄薄的奶油霜。

12 最後，把另一片馬卡龍外殼蓋在內餡上，冷藏 1 小時後，放些水果裝飾，即可食用。

# 開心果覆盆子馬卡龍

## Macaron pistache framboise

製作馬卡龍外殼

- 以 170°C 預熱烤箱。

- 注意！這個食譜需要多些糖粉，且熱蛋白霜的熱糖漿溫度為 121°C。

- 將開心果仁、杏仁粉和糖粉一起放入食物調理機中，打成碎末狀，做成杏仁糖粉。

- 再將杏仁糖粉倒入一個容器內。參考第 104 頁進行義式杏仁膏的基礎操作。

- 當熱蛋白霜變涼後，再加入少許食用黃色素和綠色素 (1)，使蛋白霜變成鮮亮的深綠色 (2)。

- 將 75g 生蛋白倒入開心果杏仁糖粉中，攪拌均勻，拌成開心果杏仁蛋白糊。然後在裡面加入一小部分綠色蛋白霜 (3) 攪拌稀釋後，再加入剩餘的綠色蛋白霜，攪拌均勻，使質地濃稠細膩 (4)，即完成綠色馬卡龍蛋白糊。

- 擠花袋裝上直徑 14 公釐的平頭圓口花嘴，再放入馬卡龍蛋白糊。在鋪有圓形烘焙紙的烤盤上將蛋白糊擠成直徑為 18 ～ 20 公分的螺旋餅 (5)（也可以事先把烘焙紙剪成直徑 18 ～ 20 公分的圓形，再將馬卡龍蛋白糊擠滿圓形烘焙紙）。

- 不需要輕輕拍打烤盤底部。

- 在表面均勻撒上薄薄一層開心果仁碎 (6)。

- 將蛋白糊放入烤箱，烤 15 ～ 20 分鐘，在烘烤過程中調一次烤盤方向。

- 將烤熟的馬卡龍外殼放涼後再填餡。

數量：2 個 6 ～ 8 人份的馬卡龍
準備時間：1 小時
烹調時間：每爐烤 20 分鐘
放置時間：至少 1 小時

材料

**開心果內餡**
蛋 2 個
蛋黃 1 個
砂糖 80g
奶油（室溫回軟）230g
卡士達醬 170g（參考第 152 頁）
開心果仁醬 30g（參考最後的建議）

**馬卡龍蛋白糊**
無鹽整粒開心果仁 65g
杏仁粉 135g
糖粉 220g
砂糖 200g
水 50ml
蛋白 75g× 2 份（重要！）
食用黃色素少許
食用綠色素少許
＋整粒開心果仁（剁碎用於裝飾）50g

**組合**
覆盆子果醬 50g
覆盆子 600g

1　熱蛋白霜變涼後，加入少許食用黃色素和綠色素。

2　使蛋白霜的顏色變成鮮亮的深綠色。

3　將一小部分的綠色蛋白霜加入開心果杏仁蛋白糊中，攪拌並稀釋。

4　加入剩餘的綠色蛋白霜，攪拌均勻，使質地緊實、細緻、濃稠，形成綠色馬卡龍蛋白糊。

5　將馬卡龍蛋白糊裝入擠花袋，在鋪有圓形烘焙紙的烤盤上將蛋白糊擠成直徑 18 ～ 20 公分的螺旋餅。

6　在麵糊表面均勻撒上一層開心果仁碎。放入 170℃ 烤箱內，烤 15 ～ 20 分鐘。

# 開心果覆盆子馬卡龍

*Macaron pistache framboise*

## 製作開心果內餡

· 把全蛋、蛋黃和砂糖倒入一個容器內，然後隔水加熱，利用手持式電動打蛋器混合、攪拌蛋液。

· 當蛋液變熱，起泡、發白時可停止加熱，繼續攪打至蛋液變溫。

· 分批加入回溫後的奶油，攪拌至奶油霜均勻一致，質地潤滑。

· 用保鮮膜密封好，常溫保存備用。

· 將 180g 卡士達醬輕輕攪拌均勻。

· 將攪拌均勻的卡士達醬加入奶油霜中 (7 和 8)，繼續攪拌均勻。

· 加入開心果仁醬 (9)，攪拌均勻 (10)。使開心果內餡質地潤滑，均勻一致。

## 開始組合

· 用一個小擠花袋（或者一把小湯匙），將覆盆子果醬擠在馬卡龍外殼背面的邊緣 (11)。

· 然後把覆盆子整齊地排在覆盆子果醬上面，圍成一圈 (12)，做成馬卡龍的最外緣。

· 接下來，把開心果內餡裝入擠花袋，擠在覆盆子圈的裡面 (13)。在開心果內餡上面再排一層覆盆子 (14)。

· 最後，將開心果內餡覆蓋在覆盆子上面 (15)，蓋上另一塊馬卡龍外殼 (16)，完成組合。

· 參考此方法，製作 2 個開心果覆盆子馬卡龍。

· 放入冰箱，冷藏至少 1 小時後食用。

## Advice

· 也可以參考第 128 頁製作開心果內餡，那種內餡簡單易做，而且口感緊實。

· 想自製開心果仁醬，可以參考開心果馬卡龍的食譜（第 130 頁）。

將卡士達醬加入奶油霜中。

攪拌均勻，使卡士達奶油霜質地細緻又潤滑。

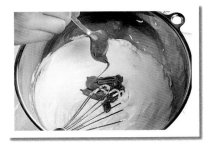

加入開心果仁醬，並且攪拌均勻。

做好的開心果內餡質地應潤滑、均勻。

馬卡龍外殼變涼後，用擠花袋或小湯匙，將覆盆子果醬擠在馬卡龍外殼背面的邊緣。

把覆盆子整齊地排在覆盆子果醬上，圍成一圈。

把開心果內餡裝入擠花袋，擠在第一圈覆盆子的裡面。

在開心果內餡的上面再排一圈覆盆子且排緊實。

用開心果內餡覆蓋覆盆子。

蓋上另外一塊馬卡龍的外殼，放入冰箱冷藏至少 1 小時後品嘗。

- 黑巧克力切細碎，隔水加熱或以微波爐加熱。

- 當黑巧克力完全融化，熱度在 50 ～ 55°C。拌勻並讓溫度降到 28 ～ 29°C，用手指感覺到微涼，融化的黑巧克力也變得濃稠。

- 再次加熱，使溫度升到可以使用的溫度（31 ～ 32°C）。

- 同時，用刷子蘸融化的黑巧克力，將巧克力刷在底座表面 (1)。

- 保持刷在底座上的黑巧克力薄厚一致 (2)，待巧克力冷卻凝固。

- 當底座上的黑巧克力完全變硬後，開始黏馬卡龍。

- 每個馬卡龍的一面都沾一點融化的黑巧克力 (3)，然後將馬卡龍黏在底座上 (4)。從底座的最下面開始排放。

- 不同顏色的馬卡龍交替黏貼排放，每個之間排放緊密，避免空隙。

- 第一層完成後，繼續黏貼第二層馬卡龍 (5)，但注意同一顏色呈對角線排放 (6)。

- 黏到容器頂部時，將馬卡龍立起來黏貼，固定放在底座上 (7)。

- 全部馬卡龍黏好後，待融化的黑巧克力完全凝固，再移動到自助餐檯面或放入冰箱冷藏，食用時再取出。

Advice

- 您可以將馬卡龍塔製作成任何形狀，但是底座必須乾燥且乾淨。

- 馬卡龍的數量根據所使用的底座大小決定，但是至少需要 40 ～ 50 個馬卡龍才能產生美食效果。

準備時間：20 分鐘
放置時間：20 分鐘

重點工具
圓形底座的玻璃沙拉盆 1 個
（盆底不鏽鋼盆也可）

材料
優質黑巧克力 250g
各種口味馬卡龍數個
（建議 2 種顏色）

1 黑巧克力融化後，用刷子將黑巧克力刷在底座表面。

2 保持刷在底座上的黑巧克力厚薄一致，待巧克力冷卻凝固。

3 在每個馬卡龍的表面刷一點融化的黑巧克力。

4 將馬卡龍黏在巧克力底座上。每一種顏色的馬卡龍交替黏貼排放。

5 第一層排好後，重複步驟 3，繼續黏貼第二層馬卡龍。

6 黏貼的同時須注意，同一顏色應呈對角線排列。

7 排到容器頂層時，將馬卡龍立起來黏貼，使塔看起來更高。

PART

3

# 降臨節糕點

# 製作降臨節糕點

在降臨節和耶誕節期間,我經常自己揉麵團,特別是雙手揉麵團時,總讓我有種抒發壓力、遠離鬱悶心情的感覺。

每年的降臨節期間,我會和妹妹在斯希爾梅家裡的烘焙間幫大人製作小蛋糕,只有在聖誕夜,我們才有機會吃到這些美味的蛋糕。

我們製作的蛋糕形狀、使用的模具、選用的各種食材都別具創意,為父母帶來無盡的喜悅。

當我在星星、愛心、松樹的模具裡選中了一個小白鐵月牙形餅乾模時,就像把月亮從天上摘了下來。

我常希望聖誕夜提早來臨,這樣全家族的人都可以津津有味地吃著我們的香草和香料小蛋糕了,這一切是如此與眾不同,如此的美好!

今天,就在這本書的食譜裡,向您分享我的降臨節糕點作法,讓您可以參考步驟,一步一步的製作降臨節糕點,一起創造美好回憶!

# 首選食材

**柑橘類**

選擇採摘後未經人工處理過的柑橘，以溫水洗淨，再用乾淨布擦乾水分，把外皮削下來備用。

**香料類**

八角、肉桂、四香粉（丁香粉、肉豆蔻粉、薑粉、白胡椒粉或黑胡椒粉混合而成的調味粉）能為降臨節蛋糕增香。建議購買裝在金屬盒中的香料，因為它能夠完全遮光，確保香料的香味和顏色不變質。

若你想購買整根香草豆莢，應選擇質地柔軟、肉厚、香味自然的，且建議將其放在密封玻璃瓶或金屬盒中，避光保存。

**蜂蜜**

在接下來的食譜中，我運用了蜂蜜，因為它提供了一種與眾不同的香味。我選用了冷杉蜂蜜，它顏色較深，香味顯著，適合拿來製作香料麵包。而薰衣草蜂蜜則能為霜淇淋帶來微妙的香味。

# 工具

品質好的專業模具（餅乾模）會帶來意想不到的效果，讓你製作出令人驚豔的降臨節餅乾。製作好後，記得準備一個鐵盒保存餅乾，但如果餅乾被品嘗完了，就不用準備鐵盒了。

另外，花嘴、擠花袋、刷子、削皮屑刀⋯⋯等都是經常使用的常備工具。

# 糖漬柳丁和檸檬

*Oranges et citrons confits*

- 這一道食譜去掉最後一道步驟，就是常在甜點食譜中看到的糖漬柳丁和糖漬檸檬了。

製作糖漬柳丁

- 用一把鋒利的小刀將柳丁皮削下，並讓柳丁皮上帶少許的柳丁肉。

- 把柳丁皮切成 5 公釐左右的厚片 (1)。

- 將水倒入鍋中，煮開。放入切好的柳丁皮，煮 1 分鐘後撈出。

- 重複以上步驟 2 次，以減少柳丁皮的苦味。這套步驟又被稱為「氽燙」（blanchir）柳丁皮。

- 「氽燙」完全部的柳丁皮條後，開始製作糖漿。將 300g 砂糖和 500ml 礦泉水一起煮開。

- 把「氽燙」的柳丁皮倒入，滾 2 分鐘。

- 加入 1 大匙蜂蜜後把柳丁皮放入一個寬口密封瓶中。

- 需注意等柳丁皮完全冷卻後再蓋上蓋子密封好。

- 放入冰箱內冷藏保存，直到要使用時再取出。

製作糖漬檸檬

- 操作過程與糖漬柳丁一樣，但是為了減弱苦味需要「氽燙」4 次。

收尾

- 用漏勺將檸檬皮撈出 (2)，或放在不鏽鋼涼架上 (3) 瀝乾水分，風乾 1 小時。

- 冰糖均勻分成 2 份，放在 2 個碗中，碗內分別放入以下材料。

- 第一個碗：將冰糖和肉桂粉混合。

- 第二個碗：將香草糖、冰糖和香菜粉混合。

- 檸檬皮乾燥後，分別放入 2 個碗中，以香料糖包裹住檸檬皮即成 (4)。

準備時間：25 分鐘
烹調時間：20 分鐘
乾燥時間：1 小時
保存時間：密封玻璃罐中
　　　　　可保存 2 個月

材料

**糖漬柳丁**
柳丁 5 個
砂糖 300g
礦泉水 500ml
淡色蜂蜜（或葡萄糖漿）1 大匙

**糖漬檸檬**
檸檬 5 個
砂糖 250g
礦泉水 500ml
蜂蜜 1 大匙

**收尾**
冰糖 200g
肉桂粉 1 小匙
香草糖 1 小包
香菜粉 1 小匙

1 削下柳丁皮和檸檬皮並將其切成厚片。

2 糖漬柳丁皮條和檸檬皮條冷卻後，即可撈出瀝乾水分。

3 放在不鏽鋼涼架上。

4 將糖漬柳丁皮條和檸檬皮條放入香料糖中，包裹均勻即可完成。

# 橘味熱紅酒

*Vin chaud mandarine*

- 檸檬、柳丁和橘子先切成大塊 (1)。

- 將紅葡萄酒、水、砂糖、香料和水果一起放入鍋中，加熱。

- 煮開後改小火，略煮 3 ～ 5 分鐘 (2)。

- 用細篩網將熱紅葡萄酒過濾到一個容器內 (3)。

- 食用時倒入玻璃杯中，加入一片檸檬片和柳丁片即可。

- 可以的話，建議提前一天製作熱紅酒。

數量：1000ml
準備時間：10 分鐘

材料
檸檬 ½ 個
柳丁 ½ 個
橘子 1 個
紅葡萄酒（勃艮第、波爾
多或亞爾薩斯紅酒）1 瓶

砂糖 190g　　水 100ml
肉桂 1 根
八角 2 個　　檸檬片、柳丁片
丁香 2 個　　（裝飾用）適量
肉豆蔻粉少許

1　檸檬、柳丁和橘子切成大塊。

2　將紅酒、水、砂糖、香料和水
果放入鍋中加熱。煮開後轉小
火，略煮 3 ～ 5 分鐘。

3　用細篩網將熱紅酒過濾到杯
內，即可品嘗。

· 用刀或食物調理機將巧克力切碎,放入一個容器內。

· 將牛奶和鮮奶油倒入鍋中,加熱煮開。

· 另取一鍋(建議使用銅鍋),放入砂糖,以中火加熱,待其融化後加入肉桂和剝開的香草豆莢(1)。

· 繼續加熱至融化的砂糖變成焦糖,當焦糖輕微冒煙即可離火。

· 把煮開的牛奶及鮮奶油分次倒入焦糖鍋中(2)同時用打蛋器攪拌均勻。

· 當焦糖完全融化在牛奶及鮮奶油中後,將其分次倒入裝有巧克力碎的容器中(3),攪拌成巧克力醬後(4),繼續添加,直到巧克力醬成為熱巧克力液體(5)。

· 熱巧克力過細篩網,濾出香料(6)。

· 將玻璃杯緣浸入熱巧克力液體中(2～3公釐),然後放入紅糖裡,使杯口沾滿紅糖。

· 將水果切成小塊,劃一個開口,插在玻璃杯口裝飾即可。

數量：500ml
準備時間：10 分鐘

材料
巧克力（含 60 % 可可的巧克力）150g
牛奶 250ml
鮮奶油 250g
砂糖 50g
肉桂 2 根
香草豆莢 1 根

**裝飾**
紅糖 50g
乾燥或新鮮水果（梨、鳳梨、蘋果等）適量

1 另取一鍋放入砂糖，以中火加熱，待其融化後加入肉桂和剝開的香草豆莢。

2 把煮開的牛奶和鮮奶油分批次倒入焦糖鍋中，同時用打蛋器將其攪拌均勻。

3 當焦糖完全融化在牛奶奶油液體中後，將其分批次倒入巧克力碎中，不停攪拌。

4 和成巧克力醬後，再繼續添加焦糖奶油液。

5 直到熱巧克力完全成為液態。

6 把熱巧克力過細篩網即成。

# 耶誕節果醬
## Confiture de Noël

· 準備好所需材料 (1)。

· 將柳丁和檸檬清洗乾淨，擦乾表皮水分。

· 切成不規則的小塊 (2)，然後將其放入一個厚底鍋中（建議使用銅鍋）。

· 將香草豆莢縱向剝開，用刀尖刮出豆莢內的籽，一起放入鍋中。

· 加入砂糖 (3)，用木勺將所有材料攪拌均勻，在常溫下浸泡 1 小時 (4)。

· 柳丁和檸檬浸泡好後，微火加熱 1 小時左右。

· 在這期間，將松子放入一個煎鍋內，以小火加熱、焙熟 (5)。

· 檢查鍋中果醬的成熟度，讓水果浸泡在糖漿中，卻不會過軟成泥 (6)。取出香草豆莢，放涼幾分鐘，簡單將其打碎，以便於品嘗 (7)。

· 加入櫻桃和松子，攪拌均勻 (8)。

· 將玻璃瓶放入開水中，滾煮消毒，撈出倒扣在乾淨的布上晾乾。然後把製作好的熱果醬裝入。封上蓋子，倒放 (9)。

· 冷藏一晚即可食用。

數量　：2 瓶（400g）
準備時間：15 分鐘
浸泡時間：1 小時
烹調時間：1 小時

材料

柳丁 4 個（約 550g）

檸檬 2 個（約 250g）

香草豆莢 1 根

砂糖 450g

松子 35g

去核鮮櫻桃（或冷凍櫻桃）80g

1 事先準備好所有材料。

2 將柳丁和檸檬切成不規則的小塊狀。

3 在厚底鍋中放入砂糖、柳丁塊、檸檬塊和剝開的香草豆莢及香草籽。

4 用木勺將所有材料攪拌均勻，常溫下放置浸泡 1 小時後再加熱煮成果醬。

5 圖為焙熟的松子。

6 圖為煮好的果醬。

7 簡單將果醬打碎。

8 加入櫻桃和焙熟的松子。

9 將果醬裝入玻璃瓶中，封上蓋子，倒放。

# 聖誕香草餅乾
## Vanille Kipferl de Sebastian

- 以 170°C 預熱烤箱。

- 將砂糖倒入食物調理機內,放入香草豆莢 (1),將其打碎成香草糖,過細篩網到一個容器內 (2)。

- 加入回溫後的奶油、麵粉、杏仁粉和香草精 (3)。

- 用木勺將所有材料攪拌均勻,攪成麵團 (4)。

- 將麵團揉成球形 (5),均分成 4 份。

- 在桌面撒上一層麵粉,把 4 份麵團搓成長條 (6)。

- 將麵團條排放整齊,一起切成 2 公分的長段 (7)。

- 將麵團段放在撒上麵粉的烤盤上 (8)。

- 放入烤箱烤 15 分鐘。

- 在這期間,混合糖粉和小包香草糖。

- 餅乾烤熟後,取出放涼,再放入混合均勻的香草糖和糖粉中,裹滿糖粉即成 (9)。

數量 ：40 片
準備時間：15 分鐘
烹調時間：15 ～ 20 分鐘

材料
砂糖 35g
香草豆莢 1 根
奶油（室溫回軟）120g
麵粉 140g
杏仁粉 60g
香草精 ½ 小匙

**收尾**
糖粉 60g
香草糖 2 小包

1 首先製作香草糖。

2 將打碎的香草糖過細篩網到一個容器內。

3 加入回溫後的奶油、麵粉、杏仁粉和香草精。

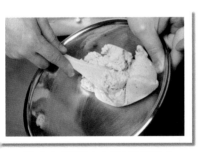
4 用木勺將所有材料攪拌均勻。

5 將麵團揉成球形。再將其均分成 4 份，以方便操作。

6 在桌上把 4 份麵團搓成粗細一致的長條。

7 將麵團條排放整齊，一起切成 2 公分的長段。

8 把餅乾麵團長段放在撒有麵粉的烤盤上，放入 170°C 的烤箱內烤 15 分鐘。

9 餅乾烤熟後，放入混合均勻的香草糖和糖粉中，裹滿糖粉即完成。

- 以 160°C 預熱烤箱。

- 待烤箱溫度到達後,將整粒榛果放入,烤 10 分鐘左右。

- 將麵粉、鹽、香草糖和肉桂粉過細篩網。

- 將回溫後的奶油放入一個容器內,攪拌成膏狀(也可以將其隔水加熱,以方便操作)(1)。

- 加入全蛋、蛋黃和糖粉 (2)。

- 待榛果冷卻後,切碎 (3),加入奶油雞蛋中。

- 攪拌均勻後,加入柳丁皮碎、檸檬皮碎和過篩的混合麵粉 (4 和 5)。

- 將所有材料攪拌均勻,和成麵團,等分成 2 份 (6)。

- 在其中一份裡倒入可可粉和牛奶,攪拌均勻。

數量：80 個
準備時間：35 分鐘
烹調時間：12 分鐘

**材料**
榛果 150g
麵粉 600g
鹽 3 撮
香草糖 1 小包
肉桂粉 1 小匙
奶油 450g
蛋 1 個
蛋黃 2 個

糖粉 200g
柳丁皮碎 ½ 個
檸檬皮碎 ½ 個

**可可球餅乾**
可可粉 30g
牛奶 2 大匙

**裝飾**
奶油 100g
肉桂糖 55g（50g 砂糖＋
10% 的肉桂粉）
糖粉 50g

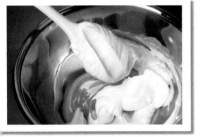

1 將回溫後的奶油切成小塊，放入一個容器內。隔水加熱，攪拌成膏狀。

2 加入 1 個全蛋、2 個蛋黃和糖粉，攪拌均勻。

3 將榛果切碎。

4 將其放入步驟 2 的奶油雞蛋中，再加入柳丁皮碎、檸檬皮碎和過篩的麵粉。

5 把所有材料攪拌均勻。

6 和成麵團後，均勻分成 2 份。在其中一份中加入常溫牛奶和可可粉，攪拌均勻。

· 用另外一塊白麵團製作牛角可頌 (7)：分別秤 10g 麵團，揉成月牙形。然後整齊排放在抹過奶油且撒上麵粉的烤盤裡 (8)。

· 將可可麵團揉成多個小球，然後輕輕壓扁，放入烤盤中。

· 放入烤箱，烤 10 ~ 12 分鐘。

· 烤熟後，從烤箱取出，放涼。

準備裝飾

· 使 100g 奶油融化。

· 在牛角可頌表面刷一層奶油，然後放入肉桂糖中，裹滿肉桂糖 (9)。

· 在可可球餅乾表面也刷上一層奶油，等奶油凝固後，再放入糖粉中，裹滿糖粉 (10)。

7　將白麵團揉成月牙形。

8　把月牙麵團，整齊的放入抹過奶油且撒上麵粉的烤盤裡。放入 160℃ 的烤箱內，烤 10 ～ 12 分鐘。

9　在牛角可頌表面刷一層奶油，然後放入肉桂糖中，裹滿肉桂糖。

10　在可可球餅乾表面也刷上一層奶油，等奶油凝固後，再放入糖粉中，裹滿糖粉。

# 聖尼古拉拐杖餅乾

*Les cannes de saint Nicolas*

· 麵粉過細篩網。

· 把奶油和糖粉混合，用橡皮刮刀攪拌均勻 (1)。

· 加入牛奶和香草精 (2)。

· 攪拌均勻後 (3)，加入過篩的麵粉和香草籽，輕輕攪拌均勻即可 (4 和 5)。

· 剩下的香草豆莢保存，留作他用。

· 在烤盤上鋪一層烘焙紙。

· 將混合好的香草奶油麵糊裝入一個帶鋸齒花嘴的擠花袋中(6)，來製作拐杖餅乾 (7)。

· 將全部拐杖餅乾糊擠完後，在常溫下放 30 分鐘左右使其風乾。目的是讓餅乾表面的紋路在烤完後不消失。

· 在這期間，以 180°C 預熱烤箱。

· 待餅乾風乾後，烤 15 ～ 20 分鐘。

· 烤熟後，取出放涼，即可品嘗食用。

數量：60 片
準備時間：25 分鐘
乾燥時間：30 分鐘
烹調時間：15 ～ 20 分鐘

材料
麵粉 375g
奶油（室溫回軟）250g
糖粉 150g
常溫牛奶 120ml
香草精 1 大匙
香草豆莢 ½ 根

1 奶油和糖粉放在鋼盆內，用橡皮刮刀攪拌均勻。

2 加入牛奶和香草精。

3 把步驟 2 的混合物攪拌均勻。

4 香草豆莢剝開，用小刀刮下香草豆莢籽，再加入步驟 3 的香草奶油中。

5 加入過篩的麵粉，攪拌均勻。

6 將其裝入擠花袋中。

7 將麵糊擠成拐杖形狀，風乾 30 分鐘，再放入 180°C 烤箱，烤 15 ～ 20 分鐘。

# 聖誕糖粒餅乾

*Étoiles au sucre*

- 麵粉、鹽、泡打粉、可可粉和肉桂粉一起過細篩網 (1)。

- 奶油切成小塊放入鋼盆內。

- 再加入砂糖,用橡皮刮刀攪拌均勻 (2)。

- 放入 1 個蛋和 1 大匙牛奶,攪拌均勻。

- 攪拌均勻後,倒入過篩混合的麵粉 (3)。

- 攪拌均勻,直到和成麵團。

- 用保鮮膜把麵團包好,放入冰箱冷藏,靜置醒麵 2 小時。

- 以 180°C 預熱烤箱。

- 麵團完全變涼後,將其放在砧板上,擀成 2～3 公釐厚的薄片 (4)。

- 用餅乾模(星星、松樹、聖誕彩球等形狀)在薄片上切割各種想要的形狀 (5)。

- 若想做出聖誕彩球,可用一個圓形餅乾模,在薄片上切割出圓形,再用平口圓形的花嘴在圓形薄片內戳一個洞。

- 將做好的所有餅乾放在鋪有烘焙紙的烤盤上。

開始收尾並裝飾

- 紅砂糖和肉桂粉放入一個碗中混合均勻。

- 用一支刷子,在餅乾表面刷上薄薄一層水 (6),然後在餅乾上沾滿紅糖肉桂粉 (7)。

- 立刻將餅乾放入烤箱烤 15～20 分鐘。

- 待餅乾烤熟後從烤箱取出,放涼後再移位。

Tips

- 建議將餅乾放入密封的鐵盒中保存。

數量：40 片
準備時間：40 分鐘＋ 2 小時靜置醒麵
烹調時間：15 ～ 20 分鐘

材料
麵粉 200g
精鹽 1 撮
泡打粉 ½ 小匙
可可粉 1 小匙
肉桂粉 1 小匙
奶油（室溫回軟）100g
砂糖 100g

全蛋 1 個
牛奶 1 大匙

**裝飾**
紅砂糖 150g
肉桂粉 1 小匙
水 100ml

1 麵粉、鹽、泡打粉、可可粉和肉桂粉一起過細篩網。

2 奶油切成小塊放入鋼盆內，加入砂糖攪拌均勻。

3 放入 1 個全蛋和 1 大匙牛奶，攪拌均勻後，倒入已過篩混合的麵粉。

4 麵團靜置醒麵 2 小時後，擀成 2 ～ 3 公釐厚的薄片。

5 利用餅乾模在薄片上切割出各種想要的形狀，並將其放在鋪有烘焙紙的烤盤上。

6 在餅乾片上刷薄薄一層水。

7 在餅乾上沾紅糖肉桂粉，放入 180°C 的烤箱中，烤 15 ～ 20 分鐘。

# 傳統小餅乾
## Petits sablés d'antan

· 事先準備好所有材料 (1)。

· 將柳丁皮和檸檬皮削成末。

· 麵粉、砂糖、杏仁粉、肉桂粉、泡打粉和茴香粉一起倒在砧板上。

· 加入切成小塊的奶油和柳丁皮碎、檸檬皮碎 (2)。

· 將所有材料搓成細砂礫狀 (3)。

· 然後加入 1 個全蛋、1 個蛋黃、橙花水和櫻桃利口酒 (4)。

· 將所有的材料混合均勻，並揉成麵團 (5 和 6)。

· 用保鮮膜將麵團包裹好，放入冰箱冷藏，靜置醒麵 2 小時。

· 以 180°C 預熱烤箱。

· 麵團醒好之後，將其擀成 3 ～ 4 公釐厚度的薄片。

· 依據個人喜好，用各種形狀的餅乾模，將麵片切割成各種形狀 (7)。

· 烤盤上抹一層奶油，再撒上薄薄一層麵粉，把麵片放在上面。

· 在麵片上刷一層蛋黃 (8)。

· 放入烤箱烤 10 ～ 15 分鐘 (9)。

數量：50 片
準備時間：30 分鐘＋2 小時
　　　　　靜置醒麵
烹調時間：15 分鐘

材料

檸檬 ¼ 個
柳丁 ¼ 個
麵粉 250g
砂糖 125g
杏仁粉 65g
肉桂粉 1 小匙

泡打粉 1 小撮
茴香粉 1 小撮
奶油（室溫回軟）
125g
全蛋 1 個
蛋黃 1 個

橙花水 15g
櫻桃利口酒 1 小匙
蛋黃（上色用）1 個

1 事先準備好所有材料。

2 麵粉、砂糖、杏仁粉、肉桂粉、泡打粉、茴香粉、柳丁皮碎、檸檬皮碎和切成小塊的奶油一起倒在砧板上。

3 將所有材料搓成細砂礫狀，奶油融入麵粉中。

4 加入蛋、橙花水和櫻桃利口酒至麵粉中。

5 攪拌均勻並揉成麵團。

6 將麵團在砧板上揉勻。

7 麵團靜置醒麵後，擀成 3～4公釐厚的片。用各種餅乾模，將麵片切割成各種形狀。

8 把麵皮放入抹有奶油並撒上薄薄一層麵粉的烤盤上。在麵皮上刷一層蛋黃。

9 放入以 180℃ 預熱的烤箱中，烤 10～15 分鐘。

# 茴香餅乾
## Biscuits d'anis

- 將蛋打入攪拌碗內，加入砂糖 (1) 攪拌均勻，若使用的是電動打蛋器可以快速攪打 10 分鐘，再調至中速攪打 10 分鐘 (2)。也可以手動攪打。

- 將茴香籽倒在砧板上，挑出當中的小枝杈 (3)。

- 麵粉過細篩網與茴香籽混合。

- 再將其倒入打發的蛋液中，用木勺輕輕攪拌 (4)。

- 在烤盤上抹一層奶油，再撒上薄薄一層麵粉 (5)。

- 把製作好的餅乾糊裝入裝有花嘴的擠花袋中。

- 將餅乾糊整齊的擠在烤盤上，擠成圓形 (6)。

- 放置 4 個小時，使餅乾糊表面形成乾燥的硬殼。

- 以 180°C 預熱烤箱。

- 放入烤箱，烤 6 ～ 8 分鐘。

- 當餅乾變成白色，底部形成硬殼即可取出。

- 當餅乾完全冷卻後再移動。

數量：擺滿小烤盤的量
準備時間：30 分鐘
乾燥時間：大約 4 小時
烹調時間：6 ～ 8 分鐘

材料
蛋 3 個
砂糖 250g
茴香籽 15g
麵粉 250g

1 將蛋打入攪拌碗中後，再加入砂糖。

2 用攪拌機將蛋打發（快速攪打 10 分鐘，再轉至中速攪打 10 分鐘）。

3 將茴香籽中的小枝杈挑出。

4 在打發的蛋液中加入麵粉和茴香籽。

5 在烤盤上抹一層奶油，再撒上薄薄一層麵粉。

6 將餅乾糊擠在烤盤上，擠成圓形。在較熱的地方乾燥 4 小時（使其表面形成硬殼）。

· 以 170°C 預熱烤箱。

· 將牛奶倒入鍋中加熱,煮開後離火,放入八角浸泡約 10 分鐘 (1)。

· 在另一個鍋中倒入蜂蜜,以小火加熱,或放入微波爐中加熱。

· 把 2 種麵粉、太白粉、泡打粉、紅砂糖、肉桂粉和四香粉一起倒入一個容器內 (2)。

· 倒入加熱過的蜂蜜及橙醬一起攪拌均勻 (3)。

· 再加入 2 個蛋、回溫後的奶油和鹽,不停攪拌 (4)。最後將浸泡八角的牛奶過濾後倒在麵糊中 (5)。

· 攪拌混合均勻後,保存備用。

· 在鬆糕模具內抹上一層奶油,再撒上一層薄薄的麵粉。將和好的麵糊裝進擠花袋,或者是直接使用湯勺將其裝入鬆糕模具 ¾ 的部位 (6)。

· 放入烤箱烤 25 ～ 30 分鐘。

· 鬆糕烤熟後,放置片刻再脫模,脫模後的鬆糕放不鏽鋼涼架上,完全放涼。

· 當香料鬆糕完全冷卻後,將杏果醬和 3 大匙苦味橙醬放入鍋中,以小火加熱。

· 待果醬完全融化,將其刷在香料鬆糕上,再用小塊柳丁裝飾即可 (7)。

數量：20 塊
準備時間：25 分鐘
烹調時間：30 分鐘

重點工具
直徑 6 公分的鬆糕模具

材料
牛奶 100ml
八角 1 大匙
蜂蜜 240g
白麵粉 25g
黑麵粉 150g
太白粉 25g
泡打粉 1 小包
紅砂糖 15g
肉桂粉 1 小匙
四香粉 ½ 小匙
苦味橙醬 240g
蛋 2 個
奶油（室溫回軟）80g

精鹽 1 小匙
＋奶油和少許麵粉 20g（用於模具）

收尾
杏果醬 200g
苦味橙醬 3 大匙
柳丁 1 個

1　八角放在牛奶中浸泡 10 分鐘。

2　在浸泡期間準備好所有材料。

3　把 2 種麵粉、太白粉、泡打粉、紅砂糖、肉桂粉和四香粉放入一個容器內，然後倒入熱好的蜂蜜、橙醬一起攪拌均勻。

4　加入蛋、回溫後的奶油和鹽。

5　倒入過濾的牛奶。

6　在鬆糕模具內抹一層奶油，再撒上一層薄麵粉。將和好的麵糊裝進擠花袋後，擠入鬆糕模具。放入 170°C 的烤箱內，烤 25 ～ 30 分鐘。

7　將混合好的果醬刷在香料鬆糕表面。

# 菱形巧克力核桃餅乾

*Losanges noix et chocolat*

- 核桃仁剁成碎末。

- 在桌面上混合麵粉、泡打粉、砂糖、核桃仁碎末、奶油、肉桂粉和鹽 (1)。

- 將所有材料揉成均勻的細碎狀，無奶油顆粒 (2)。

- 然後加入 1 個全蛋、1 個蛋黃和檸檬皮碎末 (3)，再將其和成表面光滑、質地緊實的麵團 (4)。

- 麵團用保鮮膜包好，放入冰箱冷藏靜置，醒麵 1 小時 (5)。

- 以 180°C 預熱烤箱。

- 在桌面上撒上薄薄一層麵粉，將麵團擀成 4 公釐左右的厚片。

- 分割成 3×3 公分的菱形片。

- 所有菱形片放在鋪有烘焙紙的烤盤上。

- 將一個蛋黃打入碗中，用叉子攪打均勻，再用刷子將蛋液刷在菱形餅乾上。

- 放入烤箱，烤 15 分鐘 (6)。

- 把烤熟的菱形餅乾放涼。

- 將巧克力隔水加熱融化。

- 當巧克力完全融化，關火，將其放涼，放至手指放入後，感覺不到溫差即可（若融化的巧克力變得濃稠，可以略微加熱）。

- 當融化的巧克力到達適合的溫度，即可將菱形核桃餅乾的 ½ 蘸上融化的巧克力，再放在烘焙紙上。

- 在餅乾上的巧克力凝固前，放上核桃仁 (7)。

- 待巧克力完全凝固後，即可品嘗食用。

| 數量 ：100 片 | 材料 | 鹽 2 撮 | **收尾** |
| 準備時間：25 分鐘 | 核桃仁 125g | 蛋 1 個 | 蛋黃（上色用）1 個 |
| 靜置醒麵時間：1 小時 | 麵粉 375g | 蛋黃 1 個 | 黑巧克力（用於包裹餅 |
| 烹調時間：15 分鐘 | 泡打粉 1 小匙 | 檸檬 1 個 | 乾）200g |
| | 砂糖 125g | | 核桃仁（裝飾用）50g |
| | 奶油 250g | | |
| | 肉桂粉 1 小匙 | | |

1. 在桌面上混合麵粉、泡打粉、砂糖、核桃仁細碎末、奶油、肉桂粉和鹽。

2. 將所有材料搓揉均勻。

3. 加入 1 個全蛋、1 個蛋黃和檸檬皮碎末。

4. 將全部材料和成麵團。

5. 麵團用保鮮膜包好，放入冰箱冷藏靜置，醒麵 1 小時。

6. 將麵團擀成薄片，分割成小菱形片，表面刷上蛋液。放入 180°C 的烤箱內，烤 15 分鐘。

7. 在烤熟放涼的菱形核桃餅乾的 ½ 蘸上融化的巧克力，放上核桃仁裝飾即成。

# 榛果馬卡龍
## Macarons croquants à la noisette

· 將 300g 的榛果剁成粗粒 (1)。

· 砂糖、香草精、肉桂粉和榛果碎放入一個容器中混合 (2)。再加入蛋白,用打蛋器將所有材料攪拌均勻 (3)。

· 將所有材料倒入銅鍋中(或不鏽鋼鍋),加熱同時用木勺用力攪拌 (4)。

· 至溫度達 65°C 離火,(用手接觸鍋時感到燙手)攪拌至其冷卻。

· 以 170°C 預熱烤箱。

· 用湯匙將攪拌好的材料堆放在抹有奶油及撒上麵粉的烤盤上,每小堆直徑約 3 公分 (5)。

· 然後在表面放一粒榛果,放入烤箱烤十幾分鐘 (6)。

· 烤熟之後,待其冷卻幾分鐘。再使用巧克力鏟刀或刮刀將其從烤盤上取下即完成 (7)。

數量：40 片
準備時間：20 分鐘
烹調時間：10 分鐘

材料
整粒榛果 300g
砂糖 300g
香草精 1 小匙
肉桂粉 1 小匙
蛋白 5 個

整粒榛果（裝飾用）40 個

1 將整粒榛果用刀切碎。

2 混合砂糖、香草精、肉桂粉和榛果碎。

3 加入蛋白，用打蛋器攪拌。

4 將所有材料倒入鍋中加熱。溫度達 65°C 離火，邊放涼邊繼續攪拌。

5 用湯匙將攪拌好的材料堆放在抹有奶油、並撒上薄薄麵粉的烤盤上。

6 放上一粒榛果後，放入 170°C 烤箱，烤 10 分鐘。

7 待榛果馬卡龍烤熟之後（待其冷卻），再用巧克力鏟刀將其從烤盤上取下。

· 取 2 小塊白杏仁膏與食用色素混合，混成紅色杏仁膏和橙色杏仁膏。

· 將可可粉與白杏仁膏混合，在桌面上將其搓勻，做成巧克力色的杏仁膏（可可粉的用量根據需求增加或減少）。

· 將黑巧克力和白巧克力分開加熱至融化。

· 然後冷卻。

· 製作小雪人前，要把所有準備工作做好，然後將手和操作檯面都抹上一層植物油。

· 這樣就不用擔心杏仁膏在製作過程中變乾。

· 這個食譜只介紹塑形方式，不包括混合方法，請參考解釋說明，一步一步完成。

準備時間：40 分鐘
（若是小孩，製作時間會更長）

重點工具
牙籤數根
細毛刷 1 把
擀麵棍 1 根
烘焙紙捲數捲

材料
白杏仁膏 250g
食用色素（紅色和黃色）數滴
可可粉 50g
白巧克力 50g
黑巧克力 50g
糖粉（裝飾用）50g

1 準備所需材料。

2 用杏仁膏製作 2 個不同大小的球，作為小雪人的頭和身體。

3 將頭放在身體上。

4 取一塊杏仁膏揉成一根粗條。

5 切一段用來製作蠟燭。

6 把巧克力杏仁膏揉成長條形。

# 小雪人

*Le petit bonhomme de neige*

7 取一小塊巧克力杏仁膏做成小圓餅,當作帽子底部。

8 用另一塊巧克力杏仁膏做成帽子上部的形狀,再黏在帽子底部上。

9 用刀子將帽子從桌面上取下。

10 把帽子黏在小雪人頭上。

11 在烘焙紙捲中裝入融化的白巧克力,模仿蠟油形狀,擠在蠟燭頂部(也可直接用湯匙淋)。

12 接著製作燭火。將橙色杏仁膏捏成火苗狀,用細毛刷蘸黃色素,輕輕刷在杏仁膏上,染成火的顏色。

13 把火苗黏在蠟燭頂部。

14 用細毛刷的另外一頭在小雪人頭部,壓出 2 個眼窩。

用橙色杏仁膏,做出一個小胡蘿蔔的形狀,將其黏在 2 個眼睛之間,作為鼻子。

把紅色杏仁膏擀成片,用於製作圍巾。

用刀將杏仁膏切成長條狀。

將步驟 17 完成的紅色長條,圍在小雪人脖子。用融化的黑巧克力做 4 個巧克力小球,當作雪人眼睛及鈕扣。

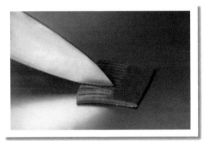

巧克力杏仁膏擀成方片,從方片一半的位置切成細條,用於製作掃帚。

將未切條的巧克力杏仁膏片一邊圍在牙籤一端。

將步驟 20 的杏仁膏片,插在小雪人身上。

將擀麵棍的一頭壓在巧克力杏仁膏球上,並將杏仁膏壓扁。將壓扁的杏仁膏從檯面上取下,放在蠟燭下面,作為燭托。

最後,在小雪人上撒一層糖粉,仿造雪的樣子即可。

# 杏仁粗麵包
## Pumpernickel

- 以 180°C 預熱烤箱。

- 將蛋和砂糖放入一個容器內 (1)，慢慢攪打 20 分鐘 (2)。

- 加入肉桂粉，繼續攪拌 (3)。

- 用一把大刀，將整粒杏仁切碎 (4)，然後與麵粉一起加入打發的蛋液中 (5)。

- 和成質地柔軟黏稠的麵糊 (6)。

- 在烤盤上抹一層奶油，再撒上一層麵粉。把麵糊裝入擠花袋，在烤盤上擠成長形麵包的形狀 (7)。

- 不要擠太寬（寬度約 4 公分），每條間留一定間距，因為烘烤過程中麵團會脹發。

- 放入烤箱前，在麵糊表面撒上一層杏仁片 (8)，然後倒掉沒沾在麵糊上的多餘杏仁片 (9)，放入烤箱烤 30 分鐘。

- 烤熟後，從烤箱取出 (10)。將其橫向切成厚片（1 公分厚）。

- 也可以使用榛果來代替杏仁。

- 這款杏仁粗麵包適合與咖啡和茶搭配食用。

數量 ：2 條
準備時間：30 分鐘
烹調時間：30 分鐘

材料
小雞蛋 3 個
砂糖 250g
肉桂粉 8g
整粒杏仁（切碎）250g
麵粉 260g
杏仁片（裝飾用）100g

1 蛋和砂糖放入一個容器內。

2 慢慢攪打 20 分鐘。

3 加入肉桂粉，繼續攪拌。

4 將杏仁切碎。

5 將杏仁碎與麵粉加入打發的蛋液中。

6 把步驟 5 混合物和成質地柔軟黏稠的麵糊。

7 麵糊裝入擠花袋，在烤盤上擠成長形麵包的形狀。

8 在麵糊表面撒上一層杏仁片。

9 倒掉多餘杏仁片。放入預熱至 180°C 的烤箱內，烤 30 分鐘。

10 將杏仁粗麵包從烤箱取出，橫向切成厚片。

# 堅果麵包
## Baerewecke (sans pâte)

- 將梨乾、李子乾、糖漬鳳梨和蘋果乾切成薄片 (1)。

- 將整粒杏仁放入食物調理機中，打碎成細粉（自製杏仁粉品質較佳）。

- 將核桃仁剁成碎粒。

- 在鍋中倒入柳橙汁、紅酒、櫻桃利口酒、砂糖、四香粉、肉桂粉和肉桂。

- 加熱煮開，然後將混合液倒入切好的果乾片和葡萄乾中 (2)。

- 再次煮開後，將其倒入一個容器內。

- 加入核桃仁和杏仁 (3)，攪拌均勻 (4)，浸泡 1 小時。

- 之後，瀝乾紅酒汁（大約 10 分鐘）(5)。

- 以 150°C 預熱烤箱。

- 當所有紅酒汁被瀝出後，加入杏仁粉，攪拌均勻 (6)。

- 裁 5 張寬 20 公分長 30 公分的烘焙紙。

- 在每張烘焙紙上撒一層麵粉，在寬的一邊放入 ⅕ 的餡料 (7)。

- 將餡料捲起 (8)，利用一片硬紙板或巧克力鏟刀將其捲緊 (9)。

- 把 5 個捲好的麵包放在烤盤上。

- 放入烤箱，烤 50 分鐘 (10)。

- 烤好後將烘焙紙去掉，取出麵包放在錫箔紙上。

- 至少放 2～3 星期，等到它內部香味全部揮發出來，即可搭配咖啡和香茶食用。

數量：5 條
準備時間：30 分鐘
浸泡時間：1 小時
放置時間：
2 ～ 3 星期（非必需）
烹調時間：50 分鐘

材料
梨乾 300g
李子乾 300g
糖漬鳳梨 5 片
蘋果乾 100g

整粒杏仁 100g
新鮮核桃仁 160g
伊茲密爾金色葡萄乾 100g
麵粉 100g

**熱葡萄酒**
柳橙汁 350ml
亞爾薩斯黑皮諾紅葡萄酒
250ml
櫻桃利口酒 30ml
砂糖 80g
四香粉 1 小匙

肉桂粉 1 小匙
肉桂 1 根

1　將梨乾、李子乾、糖漬鳳梨和蘋果乾切成薄片。

2　把增香的熱紅酒倒入果乾中。

3　加入核桃仁和杏仁。

4　攪拌均勻，浸泡 1 小時。

5　把果乾裡的紅酒汁瀝出（大約10 分鐘）。

6　將果乾倒入一個容器內，加入杏仁粉，攪拌均勻。

7　在每張烘焙紙表面撒上一層麵粉，放上餡料。

8　用烘焙紙把餡料捲起來。

9　用硬紙板或巧克力鏟刀將其捲緊，不散落。

10　放入 150°C 的烤箱內，烤 50分鐘。然後把做好的堅果麵包放涼。

# 降臨節花圈麵包
## Couronne de l'Avent

· 奶油、砂糖、黑蘭姆、鹽、柳丁皮碎和檸檬皮碎放入鍋中，製作糖漿。

· 小火加熱，均勻攪拌所有鍋中材料，當材料融化後離火，加入橙花水 (1)。

· 然後將糖漿放涼。

· 酵母放入一個容器內，加入 1 大匙溫水稀釋。

· 再把麵粉和蛋倒入酵母水中。

· 用木勺攪拌酵母水，使其形成硬麵團 (2)。（麵粉會把液體材料吸收，形成麵團）

· 當糖漿變溫，將糖漿一點一點倒入麵團中 (3)，用木勺用力攪拌，攪拌至糖漿與麵團混合均勻即可 (4)。

· 加入糖漬水果丁。

· 在容器表面蓋上一層乾淨的棉布，於常溫下放置 1 小時 (5)，使其脹發。

· 麵團脹發後，用手掌將其壓扁，揉成長條（60公分長）(6)。

· 將長條繞成圈，兩端黏在一起 (7)。

· 將麵圈放在鋪有烘焙紙的烤盤上。

· 在常溫下放置 1 小時，使其再次脹發 (8)。

· 以 180°C 預熱烤箱。

· 將蛋打勻，用來為花圈上色。

· 將蛋液刷在花圈麵團上 (9)。

· 然後用剪刀在花圈麵團表面剪出均勻的紋路 (10)。

· 最後放入烤箱烤 25 ～ 30 分鐘即可。

數量：1 個
準備時間：30 分鐘
脹發時間：2 小時
靜置醒麵時間：1 小時
烹調時間：25 ～ 30 分鐘

材料
奶油 80g
砂糖 80g
黑蘭姆 40ml

鹽 1 小平匙
柳丁皮碎 1 個
檸檬皮碎 1 個
橙花水 40ml
酵母 10g
麵粉 400g
蛋 2 個
糖漬水果丁 70g

蛋（上色用）1 個

1　奶油、砂糖、黑蘭姆、鹽、柳橙皮碎和檸檬皮碎放入鍋中，以小火加熱的同時攪拌鍋中材料。當材料融化後離火，加入橙花水。

2　把麵粉、蛋和酵母水倒入一個容器內，用木勺混合攪拌，使其形成較硬的麵團。

3　加入溫糖漿。

4　用木勺用力攪拌至糖漿與麵團混合均勻。

5　加入糖漬水果丁。於常溫下放置 1 小時，使麵團脹發。

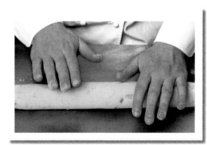

6　將麵團按扁，揉成長條。

7　運用不鏽鋼圈（或一個圓形的模具），將長條麵團圍成圈。

8　把兩端黏在一起，放在烘焙紙上，在常溫下放置 1 小時，使其再次脹發。

9　在花圈麵團的表面刷上一層薄薄的蛋液。

10　用剪刀在花圈麵團表面剪出均勻的紋路，再將麵團放入 180°C 烤箱，烤 30 分鐘。

# 童年香料餅乾
## Pains d'épice de mon enfance

· 準備基礎麵團材料 (1)。

· 將蜂蜜放入鍋中加熱，使其變溫。

· 將 2 種麵粉與肉桂粉一起過篩到一個容器內 (2)，再加入蜂蜜 (3)。

· 用木勺將所有材料攪和成麵團 (4)。

· 用乾淨棉布將容器蓋住，在常溫下放置 1 星期。

· 至第八天，將麵團揉成球形，放入和麵機中。

· 在操作檯上放一個蛋黃。

· 將碳酸氫銨和碳酸氫鉀的量稱量準確後，倒在蛋黃上 (5)。

· 用一把刀或巧克力鏟刀，碾壓碳酸氫銨和碳酸氫鉀。

· 混合均勻後，加入基礎麵團中 (6)，在麵團中再加入肉桂粉和四香粉，以和麵機慢速攪拌 (7)。

· 當基礎麵團混合均勻，麵團表面光滑即可停止攪拌。

· 將麵團揉成球形，用保鮮膜包裹好，放入冰箱冷藏，靜置醒麵 30 分鐘。

· 以 170°C 預熱烤箱。

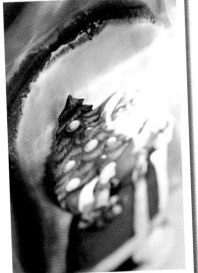

· 在亞爾薩斯地區，人們使用這 2 種粉來做「真正」的香料糕點。不要害怕！因為這種粉沒有毒，人們食用這種傳統的糕餅有好幾世紀了。另外，你也可以用相同份量的泡打粉來代替碳酸氫銨和碳酸氫鉀。

準備時間：
45 分鐘＋ 30 分鐘靜置醒麵
放置時間：1 星期以上
烹調時間：15 ～ 20 分鐘

材料

**基礎麵團**
冷杉蜂蜜（深色）250g
小麥麵粉 200g
全麥麵粉 50g
肉桂粉 1 大匙
＋奶油和少許麵粉（用於烤盤）10g

**最後麵團**
蛋黃 1 個
碳酸氫銨（銨粉）½ 小匙
碳酸氫鉀（塔塔粉）½ 小匙
肉桂粉 1 小撮
四香粉 ½ 小匙

**上色材料**
全脂牛奶 2 大匙

**皇家糖霜**
糖粉（過篩）200g
蛋白 1 個
檸檬汁數滴
櫻桃利口酒數滴
食用色素（多色）數滴
彩色糖豆（裝飾用）適量

1　準備好熱蜂蜜、2 種麵粉和肉桂粉等基礎麵團材料。

2　將 2 種麵粉與肉桂粉一起過篩到一個容器內。

3　加入熱蜂蜜。

4　圖為和好的基礎麵團。

5　將碳酸氫銨和碳酸氫鉀倒在蛋黃上。

6　步驟 5 的材料混合均勻後與基礎麵團、肉桂粉和四香粉一起放入攪拌碗內。

7　攪拌均勻，和成香料麵團。

- 在工作檯上撒一層薄薄的麵粉，再將香料麵團放上，擀成 3 公釐厚的片。

- 將香料麵片捲在擀麵棍上 (8)，避免與桌面沾黏。

- 再撒一層薄薄的麵粉在桌上，將香料麵片展開，用自己喜歡的餅乾模具在麵片上切割 (9)。

- 然後在烤盤上抹一層奶油，再撒一層薄薄麵粉。

- 切割好的香料麵片排放在烤盤上，每個間距 5 公分，預留烘烤過程中的膨脹空間。

- 刷子蘸牛奶，刷在每片香料餅乾表面。

- 放入烤箱烤 15 ～ 20 分鐘。

- 烤熟後，取出放涼，再進行最後步驟。

製作皇家糖霜

- 準備好所需材料。(10)

- 將糖粉和蛋白倒入不鏽鋼盆中，用木鏟將其攪拌均勻。

- 然後加入幾滴檸檬汁，調節濃稠度，不斷攪拌使其凝結變白 (11)。

- 皇家糖霜不要過稀也不要過稠，調至你滿意的濃稠度即可 (12)。當然也可以加入幾滴櫻桃利口酒來增加風味 (13)。

- 將刷子清洗乾淨，蘸上調好的皇家糖霜，刷在每片香料餅乾表面，注意不要刷太厚 (14 和 15)。

- 當然，你也可以在皇家糖霜裡加入幾滴色素。

- 根據個人喜好，可用彩色糖豆或圖片來裝飾 (16)。

- 做好的香料餅乾風乾 1 小時後，即可品嘗（等餅乾上的皇家糖霜變硬即可）。

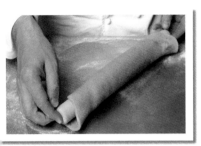

8　將香料麵片捲在擀麵棍上。

9　在撒有麵粉的桌面上，將香料麵片展開，切割成喜歡的形狀。放入 170℃ 的烤箱內，烤 15 ～ 20 分鐘。

10　準備好皇家糖霜的所有材料。

11　將糖粉和蛋白攪拌均勻，然後加入幾滴檸檬汁，調節稀稠度並使其變白。

12　圖為皇家糖霜的質地。

13　當然也可以加入幾滴櫻桃利口酒來增加皇家糖霜的風味。

14　用乾淨刷子蘸皇家糖霜，均勻地刷在每個香料餅乾表面上。

15　將圖片裝飾在餅乾上。

16　也可以在餅乾上撒些彩色糖豆裝飾。

# 堅果脆餅 (糖漬柑橘香料餅乾)

## Leckerlis (Petits pains d'épice aux agrumes confi

· 需在 1 星期前即製作基礎麵團 (1)。

· 將蜂蜜放入鍋中加熱，使其變溫即離火。

· 將 2 種麵粉、肉桂粉、四香粉過篩到一個容器內，再加入蜂蜜 (2)。

· 用木勺將所有材料和成麵團 (3)。

· 用一塊乾淨的棉布蓋住容器，在常溫下放置 1 星期。

· 第八天時繼續製作餅乾。先將整粒榛果剁成粗粒粉。

· 把糖漬的橘類皮切成小丁。

· 將基礎麵團切成小塊 (4)，放入一個容器內。

· 將碳酸氫銨倒在蛋黃上 (5)，同時用一把刀或巧克力鏟刀，碾壓碳酸氫銨和蛋黃 (6)。

· 把碳酸氫鉀倒入櫻桃利口酒中 (7)。

Tips

· 在亞爾薩斯地區，人們使用這 2 種粉來做「真正」的香料糕點。不要害怕！這種粉沒有毒，人們食用這種傳統的糕餅有好幾世紀了。另外，你也可以用相同份量的泡打粉來代替碳酸氫銨和碳酸氫鉀。

數量：50 片
準備時間：30 分鐘
放置時間：至少 1 星期
烹調時間：15 分鐘

材料
**基礎麵團**
冷杉蜂蜜 250g
小麥麵粉 200g
全麥麵粉 50g
肉桂粉 1 小匙
四香粉 1 小匙

**最後麵團**
整粒榛果 50g
糖漬檸檬皮 50g
糖漬橙皮 50g
碳酸氫銨（銨粉）½ 小匙
碳酸氫鉀 ½ 小匙
蛋黃 1 個
櫻桃利口酒 1 大匙
＋奶油和少許麵粉（烤盤用 10g

**收尾**
櫻桃利口酒 30g
糖粉 200g
水 2 大匙

1 準備製作基礎麵團的材料。

2 將 2 種麵粉、肉桂粉、四香粉過篩到一個容器內，再加入熱蜂蜜一起攪拌。

3 圖為和好的基礎麵團。

4 基礎麵團靜置醒麵好後，揉成球形。拍扁後切成小塊。

5 將碳酸氫銨和蛋黃一同倒在砧板上。

6 用刀碾壓碳酸氫銨和蛋黃，混合均勻。

7 碳酸氫鉀倒入櫻桃利口酒中。

# 堅果脆餅（糖漬柑橘香料餅乾）

## Leckerlis (Petits pains d'épice aux agrumes conf

· 將調好的碳酸氫銨蛋黃和碳酸氫鉀櫻桃利口酒加入基礎麵團中 (8)，接著加入榛果碎末 (9)。

· 再加入糖漬橘類皮丁 (10)，將所有材料用木鏟攪拌均勻 (11)，和成表面光滑的麵團（也可以使用和麵機進行此步驟的操作）。

· 將麵團揉成球形，放入冰箱冷藏，靜置醒麵十幾分鐘。

· 以 170°C 預熱烤箱。

· 在工作檯上撒一層薄薄麵粉，將麵團擀成 5 公釐厚的片。

· 然後把麵片鋪在抹好奶油，且撒有麵粉的烤盤上 (12)。

· 放入烤箱烤十幾分鐘。

· 然後將櫻桃利口酒、糖粉和水攪拌均勻，完成櫻桃利口酒糖漿。

· 當堅果脆餅烤熟後，從烤箱取出 (13)，在脆餅表面刷上櫻桃利口酒糖漿 (14)。

· 然後在脆餅變涼前，將脆餅切成小方塊 (15)。

· 待其冷卻後即可品嘗，若放置一晚風味會更佳。

8 將調好的碳酸氫銨蛋黃和碳酸氫鉀櫻桃利口酒,加入基礎麵團中。

9 再加入榛果碎攪勻。

10 攪拌均勻後,加入糖漬橘類皮丁。

11 用木勺攪拌均勻。

12 將果料麵團擀成片,鋪在抹有奶油、撒上薄薄一層麵粉的烤盤上。

13 這是烤熟的堅果脆餅。

14 在堅果脆餅表面刷上櫻桃利口酒糖漿。

15 在餅乾變涼之前,將餅乾切成小方塊。

# 甜味鹼水麵包

*Bretzels sucrés*

- 將酵母和溫牛奶放入一個容器內稀釋 (1)。

- 加入 70g 麵粉和成麵團。當麵團具有彈性後,將剩餘的麵粉鋪撒在麵團上 (2),使其脹發。

- 整個發酵過程應在一個溫暖的地方,要使麵團的體積脹發,約要 30 分鐘 (3)。

- 當魯邦種脹發後,加入 3 個蛋、2 種糖和鹽 (4)。

- 用木鏟將所有材料攪勻,攪至麵團不沾黏容器 (5)。

- 加入回溫後的奶油,揉至麵團混合均勻,不沾黏容器 (6)。

- 最後,將切成丁的糖漬橙皮和橙花水加入麵團中 (7)。

- 在容器內將麵團揉成球形 (8)。

- 用保鮮膜封好,放入冰箱內冷藏,靜置醒麵 3 小時。

數量：3 個
準備時間：30 分鐘
靜置醒麵時間：3 小時
脹發時間：1 小時
烹調時間：35 分鐘

材料
酵母 15g
牛奶 3 大匙
麵粉 325g
蛋 3 個
砂糖 75g
香草糖 1 小包
精鹽 1 小匙
奶油（室溫回軟）115g

糖漬橙皮 80g
橙花水 1 大匙

**上色**
蛋 1 個
蛋黃 1 個
牛奶 1 大匙

**糖漿**
砂糖 70g
熱水 70ml
橙花水 2 大匙

1 將酵母和溫牛奶放入一個容器內稀釋。

2 加入 70g 麵粉，攪拌麵團至有彈性後，將剩餘的麵粉鋪蓋在麵團上。

3 酵母使麵團的體積脹發成原來的 2 倍大。

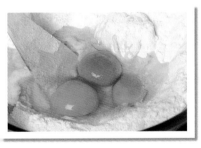

4 加入蛋、鹽和 2 種糖。

5 用木勺將所有材料攪拌均勻。

6 加入回溫後的奶油，揉至麵團均勻混合，不沾黏容器。

7 將切成丁的糖漬橙皮和橙花水加入麵團中。

8 將麵團揉成球形，冷藏、靜置醒麵 3 小時。

# 甜味鹼水麵包

## Bretzels sucrés

· 將基礎麵團分成三等分（每塊約 270g）(9)。在砧板上撒薄薄一層麵粉，搓揉每塊麵團 (10) 並向內折疊 (11)。

· 揉成長 30 公分的長條 (12 和 13)。

· 參考圖片將長條做成鹼水麵包的形狀 (14 ~ 16)。

· 將麵團放在鋪有烘焙紙的烤盤上，放在溫度 25°C 的地方 40 分鐘，使其脹發。

· 以 180°C 預熱烤箱。

· 製作上色液體：在碗中將全蛋、蛋黃和牛奶攪拌均勻即完成。

· 用刷子將上色液體刷在麵團上。

· 放入 180°C 的烤箱，烤 10 分鐘，然後使烤箱溫度降到 170°C，再繼續烤 20 ~ 25 分鐘。

· 若在烘焙過程中，麵包表面的上色速度過快，可用錫箔紙將麵包蓋住。

· 製作糖漿：將熱水、砂糖和橙花水混合攪拌均勻即可。

· 麵包烤熟後，從烤箱取出，立即在麵包表面刷上糖漿。

· 然後放在不鏽鋼涼架上放涼即成。

將基礎麵團分成三等分。在砧板上撒一層薄薄的麵粉。

把每塊麵團輕輕壓扁。

將麵團向內折疊。

把麵團做成長條形。

搓揉麵團,使麵團變得更長。

將麵團條彎成馬蹄鐵的形狀。

將兩端交叉。

將交叉點後的麵團條編轉一次,放到環狀麵團條上,即可準備放入烤箱。

- 製作基礎麵團 (1)。

- 蜂蜜放入鍋中加熱,使其變溫即可關火。

- 將 2 種麵粉與肉桂粉一起過篩到一個容器內,再加入蜂蜜 (2)。

- 用木勺將所有材料均勻和成麵團 (3)。

- 用一塊乾淨棉布蓋住整個容器,在常溫下放置 1 星期。

- 基礎麵團放置 1 星期後,將其揉成球形,放入和麵機中。

- 在砧板上放一個蛋黃。

- 稱量好碳酸氫銨和碳酸氫鉀的所需用量後,將其倒在蛋黃上 (4)。

- 用一把刀或巧克力鏟刀,碾壓碳酸氫銨和碳酸氫鉀。

- 直到混合均勻後,加入基礎麵團中。麵團、肉桂粉、四香粉一起放入和麵機中,慢速攪拌 (5)。

- 將全部材料混合均勻,當麵團表面呈光滑狀態即可停止攪拌 (6)。

- 將最後的麵團揉成球形,用保鮮膜包好,放入冰箱冷藏,靜置醒麵 1 小時。

- 以 170°C 預熱烤箱。

- 在工作檯面上撒一層薄薄的麵粉,放上香料麵團,擀成 5 公釐厚的片。

- 將香料麵片捲在擀麵棍上 (7),移放到抹有奶油並撒有一層薄薄麵粉的烤盤上。

- 用紙板模具輔助,將麵片切割成所需造型 (8)。

- 將切割好的麵片排放在烤盤上,每個麵片保留 5 公分間距 (9),因為麵片會在烘焙過程中膨脹。

- 最後用刷子蘸上牛奶,刷在每個麵片表面。

- 放入烤箱烤 15 分鐘左右。

準備時間：45 分鐘＋ 30
　　　　　分鐘靜置醒麵
放置時間：1 星期（或者
　　　　　是更長）
烹調時間：15 ～ 20 分鐘

材料

**基礎麵團**
冷杉蜂蜜 250
小麥麵粉 200g
全麥麵粉 50g
肉桂粉 1 大匙

**最後麵團**
蛋黃 1 個
碳酸氫銨 ½ 小匙
碳酸氫鉀 ½ 小匙
肉桂粉 1 小撮
四香粉 ½ 小匙

**上色**
全脂牛奶 2 大匙

**裝飾**
黑巧克力 200g
整粒榛果 60g
整粒杏仁 60g
糖漬橙皮適量
杏仁膏 200g
無糖可可粉 20g
糖粉適量

1 準備基礎麵團所需材料。

2 將 2 種麵粉與肉桂粉過篩到一個容器內，再加入熱蜂蜜。

3 圖為和好的基礎麵團。

4 將碳酸氫銨、碳酸氫鉀與蛋黃一起放在砧板上。

5 蛋黃混合均勻後，加入基礎麵團中，再加入肉桂粉和四香粉以慢速攪拌。

6 把步驟 5 材料和成香料麵團。

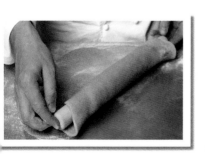
7 香料麵團擀成片後，捲起至擀麵棍上。

8 將麵片放在抹有奶油，並撒上薄薄麵粉的烤盤中。利用紙板模具將麵片切割成所需形狀。

9 將切割好的香料麵片放在烤盤上，每個間隔 5 公分。表面刷上牛奶，放入 170℃ 的烤箱內，烤 15 分鐘左右。

· 將香料餅乾烤熟後，把房屋邊緣切掉，使邊緣切面整齊平整 (10)。

· 巧克力隔水加熱融化。

· 把融化後的巧克力放涼。若融化的巧克力凝結成塊，要再略微加熱。

· 在香料餅乾的內側牆面刷上融化的巧克力 (11)，然後把 2 片隔板沾黏在內側牆面之間 (12 ～ 14)。

· 用刀切割出一扇門 (15)。

· 然後把榛果和杏仁蘸些巧克力黏在房頂上，糖漬橙皮黏在門邊作裝飾 (16)。

· 在桌面上將杏仁膏與可可粉混合，揉成巧克力杏仁膏。

· 將巧克力杏仁膏切成小塊，再揉成長條 (17)，蘸些融化的巧克力黏在房屋的邊緣 (18)。

· 放置片刻使其凝固。

· 最後，將糖粉撒在整個小屋上，模仿下雪的樣子即成 (19)。

Tips

· 在亞爾薩斯地區，人們使用這 2 種粉來做「真正」的香料糕點。不要害怕！這種粉沒有毒，人們食用這種傳統的糕餅有好幾世紀了。另外，你也可以用相同份量的泡打粉來代替碳酸氫銨和碳酸氫鉀。

10 香料餅乾烤熟後，把房屋邊緣切掉，使切面平整。

11 巧克力融化、放涼，刷在房屋前後的內側牆面上。

12 在房屋兩側的香料餅乾內側也刷上融化的巧克力。

13 把4片香料餅乾組裝起來。

14 圖為香料餅乾房屋。

15 用刀割出一扇門。

16 利用榛果、杏仁和糖漬橙皮來裝飾房屋。

17 製作巧克力杏仁膏，然後將其揉成長條。

18 將巧克力杏仁膏長條蘸些融化的巧克力，黏在香料餅乾房屋邊緣。

19 放置十幾分鐘，待巧克力凝固後，將糖粉撒在小屋上。

- 準備製作魯邦種所需的所有材料 (1)。

- 在一個容器內放入酵母和牛奶。再加入麵粉 (2)，用木勺攪拌。

- 攪至混合均勻，且表面光滑後 (3)，在容器上蓋一塊乾淨棉布，於常溫下放置到其脹發 (4)。在這期間，準備麵團所需的材料 (5)。

- 魯邦種體積要膨脹到之前的 2 倍大 (6)。

### 製作麵團

- 將檸檬擦出檸檬皮碎。

- 剝開香草豆莢，刮下內部的籽。

- 杏仁膏切成小塊。

- 把所有麵團需要的材料放入脹發好的魯邦種容器中 (7)。如果有和麵機，最好用和麵機完成這個步驟，若沒有機器，就用手來操作 (8)。

- 將所有材料混合攪拌至麵團不沾黏容器邊緣，這個攪拌過程大約會持續 4 ～ 5 分鐘。

- 當麵團和好後，將其揉成長方形 (9)。

數量：3 個
準備時間：40 分鐘
脹發時間：2 小時 30 分鐘
烹調時間：40 分鐘

材料

**魯邦種**
牛奶 150g
酵母 25g
麵粉 200g

**麵團**
檸檬 1 個
香草豆莢 1 根

杏仁膏 50g
麵粉 200g
砂糖 25g
奶油（室溫回軟）
170g
肉桂粉 2 小撮
精鹽 1 小匙
黑蘭姆 20ml

**內餡**
整粒杏仁 80g
糖漬檸檬皮 50g
糖漬橙皮 35g
斯米爾納金色葡萄乾 200g
科林斯葡萄乾 200g

**收尾**
奶油 50g
砂糖 50g
肉桂粉 1 小匙

1 準備製作魯邦種所需的材料。

2 將酵母、牛奶和麵粉放入一個容器內。

3 將步驟 2 混合均勻，直至表面光滑。

4 蓋上一層乾淨棉布，在常溫下放置到其脹發。

5 在等待魯邦種脹發期間，準備麵團所需材料。

6 魯邦種的體積要膨脹到之前的 2 倍大。

7 加入麵粉、砂糖、杏仁膏、香草籽、檸檬皮碎、肉桂粉、回溫後的奶油、鹽和黑蘭姆。

8 均勻和成麵團。

9 把麵團揉成長方形。

- 取 160g 麵團，用保鮮膜包好，放入冰箱冷藏 (10)。

- 將杏仁、糖漬檸檬皮和糖漬橙皮切成粗粒。

- 與 2 種葡萄乾一起加入剩餘的麵團中一起揉 (11)，揉至全部材料混合均勻為止 (12 和 13)。

- 放置 30 分鐘，使其脹發。然後壓平（也就是輕輕地將發酵麵團內的二氧化碳氣體排出）。

- 再放置 30 分鐘，使麵團重新脹發之後即可繼續作業。

- 在工作檯上撒一層薄麵粉 (14)。

- 從冰箱內取出之前預留的麵團，將其擀成 4 公釐厚的片。

- 把果料麵團均分成 3 份，每份約 400g(15)。

- 每塊揉成約 20 公分的長條。

- 用刷子蘸水，刷在麵片表面 (16)。

- 分割成 3 片長方形麵片，用麵片分別將 3 份長條果料麵團完全包裹住 (17)。

- 以 180°C 預熱烤箱。

- 把包裹好的史多倫麵包放在鋪有烘焙紙的烤盤上（或者抹有奶油，並撒上薄薄麵粉的烤盤上）。

- 用小刀在每個史多倫麵包表面劃一個開口 (18)。然後放置大約 20 分鐘，使其脹發 (19)。放入烤箱，烤 40 分鐘。

收尾

- 將奶油放入一個小鍋中，加熱至融化。把砂糖和肉桂粉放入一個容器內。

- 待史多倫麵包烤熟後，從烤箱取出，在表面刷上一層融化奶油 (20)，再撒上大量肉桂砂糖。放涼後即可品嘗。

Advice

- 也可以在製作果料麵團時，將一條杏仁膏放在中央。

10 取⅕麵團，大約 160g，用保鮮膜包好，放入冰箱冷藏。

11 剩餘的⅘麵團與杏仁碎、糖漬檸檬皮粒、糖漬橙皮粒和 2 種葡萄乾混合。

12 放在工作檯上，將其揉均勻，醒麵 30 分鐘。

13 圖為充分揉合、脹發好的果料麵團。

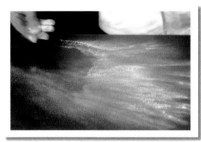

14 在工作檯上撒一層薄薄的麵粉，避免沾黏。

15 從冰箱取出預留的麵團，將其擀成約 2 公釐厚的片。再把果料麵團均分成 3 份。

16 把果料麵團揉成 20 公分長。然後在面片表面刷一層水。

17 用長方形的麵片完全包裹住果料麵團。

18 用小刀在每個麵團表面劃一個開口，並放在抹有奶油且撒上薄薄麵粉的烤盤上。

19 放置大約 20 分鐘後，再放入 180°C 的烤箱內，烤 40 分鐘。

20 史多倫麵包烤熟後，從烤箱取出，在表面刷上一層融化的奶油，並撒上肉桂砂糖即完成。

製作百匯

· 準備所需材料 (1)。

· 將淡奶油倒入一個容器內,再放入冰箱冷藏。

· 把蛋黃和蜂蜜倒入一個不鏽鋼盆中 (2)。

· 充分攪打攪拌 (3 和 4),直到蛋黃打發,質地發白。

· 把冰箱內的淡奶油取出,打發後與蜂蜜蛋黃混合 (5)。

· 用橡皮刮刀將混合液輕輕攪拌均勻,加入櫻桃利口酒 (6)。

數量 ：4 人份
準備時間：40 分鐘
冷凍時間：至少 2 小時

材料

**蜂蜜百匯**
淡奶油 250g
蛋黃 4 個
薰衣草蜂蜜 120g
櫻桃利口酒 1 小匙

**焦糖梨**
西洋梨 2 個
檸檬 ½ 個
紅砂糖 20g
奶油 10g

**收尾**
蜂蜜 1 大匙
橘子 3 個
橘子果醬或柳丁果醬 2 小匙

1　準備好所需材料。

2　蛋黃和蜂蜜倒入不鏽鋼盆中。

3　將步驟 2 充分攪打均勻。

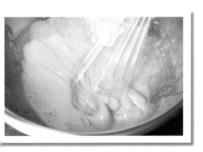
4　將步驟 3 攪打至蛋液打發，質地發白。

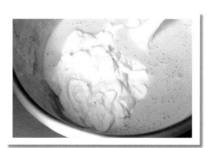
5　把淡奶油打發後，與之前的蜂蜜蛋黃混合，攪拌均勻。

6　加入櫻桃利口酒。

# 法式蜂蜜百匯

*Parfait glacé au miel*

· 在模具裡鋪一層烘焙紙。

· 把調好的蜂蜜百匯倒入模具中 (7)，放入冰箱內至少冷凍 4 小時（也可以提前一晚製作）。

製作焦糖梨（在食用蜂蜜百匯前製作即可）

· 梨去皮，將檸檬汁塗抹在表面，避免梨氧化變黑 (8)。

· 將梨切成 8 塊，去掉梨核 (9)。

· 把梨放入鍋中，加入紅砂糖和奶油 (10)。

· 以中火加熱，約 5 分鐘，做成焦糖梨 (11)。

收尾

· 將冷凍的蜂蜜百匯取出，脫模。

· 食用前，將蜂蜜澆在蜂蜜百匯表面。搭配熱焦糖梨、橘子和 2 小匙橘子果醬或柳丁果醬一起食用。

7 把調好的蜂蜜百匯倒入鋪有烘焙紙的模具中，放入冰箱內至少冷凍 4 小時。

8 梨去皮，將檸檬汁塗抹在表面，避免梨氧化變黑。

9 將梨切成 8 塊，並去掉梨核。

10 把梨塊放入鍋中，加入紅砂糖和奶油。

11 以中火加熱約 5 分鐘，完成焦糖梨。

# 梨塔
## Tarte aux poires

· 準備好梨塔所需材料。

· 在工作檯上撒一層薄薄的麵粉。

· 將千層酥皮放在檯面上（若有需要可在上面撒一層薄薄的麵粉），擀成約 2 公釐厚的片 (1)，再用叉子在麵片表面插些小孔 (2)。

· 在塔模內側抹上一層奶油（或是在塔模內鋪上一層烘焙紙）。

· 將擀好的麵片捲在已撒上一層薄薄麵粉的擀麵棍上 (3)，然後將麵片鋪在模具上 (4)。

· 將麵片工整地按入模具中 (5 〜 8)。

數量 ：約 6 人份（梨塔
　　　直徑 24 公分）
準備時間：30 分鐘
烹調時間：30 分鐘

材料
千層酥麵團 250g
杏仁粉 20g
紅砂糖 20g
成熟洋梨 4 個
檸檬 ½ 個
柳丁 2 個
糖漬橙皮 15g

糖漬檸檬皮 15g
無花果乾 4 個
李子乾 5 個
奶油少許
麵粉少許

**內餡**
奶油 20g
蛋 2 個
杏仁粉 20g
麵粉 1 小匙
砂糖 80g
淡奶油 100g
黑蘭姆 1 大匙

1　將千層酥麵團擀成大圓片。

2　用叉子在麵片表面插些小孔。

3　把麵片捲在擀麵棍上。

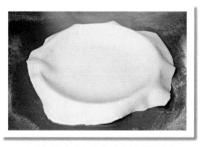

4　麵片鋪在抹有奶油的模具上。

5　把麵片邊緣向模具內壓實。

6　將模具側面內壁的麵片壓緊。

7　用擀麵棍在模具表面輕擀，切
　掉多餘的麵片。

8　把模具外的多餘麵片去掉。

# 梨塔

## Tarte aux poires

- 將邊緣的麵片向上推拉到模具邊緣 (9)，然後捏出花邊 (10)。

- 修整好後，在塔皮內撒杏仁粉和紅砂糖 (11)。

- 放在一個烤盤或大盤子上，放入冰箱冷藏靜置，鬆弛十幾分鐘。在這期間準備剩餘的材料。

製作內餡

- 奶油放入微波爐加熱至融化。

- 全蛋、杏仁粉、麵粉、融化的奶油、砂糖、淡奶油和黑蘭姆，放入一個容器內，製成餡料。

- 用木勺攪拌均勻。

- 以 200°C 預熱烤箱。

- 洋梨去皮後，將檸檬汁塗抹在洋梨表面。

- 把梨切成四等分。

- 柳丁去皮，取出每瓣柳丁肉。

- 將塔皮從冰箱取出。

- 在塔皮上將梨塊排成花形，然後把糖漬的水果皮，柳丁肉和切碎的果乾排在梨上 (12)。

- 用湯勺將餡料倒入塔皮內，倒至距邊緣半公分處即可停止 (13)。

- 將其放入烤箱（最好放入烤箱底部），烤大約 30 分鐘。

Tips

- 注意！千層酥皮作為塔底時，需要較長的烘烤時間。

9 將邊緣的麵片用手向上推,推
出模具邊緣。

10 把邊緣多出的麵片,捏成花邊
的樣子。

11 在塔皮底部均勻撒上杏仁粉和
紅砂糖。

12 放上梨塊、糖漬水果、柳丁
肉和切碎的果乾。

13 用一把湯勺,將餡料(融化
的奶油、杏仁粉、麵粉、砂
糖、淡奶油和蘭姆酒)倒入
梨塔皮內。放入 200°C 烤箱
內,烤 30 分鐘。

# 蒙布朗櫻桃蛋糕

## Mont-Blanc griotte

· 2 張吉利丁片放入冷水中泡軟。

· 香草豆莢縱向剝開,用小刀將香草籽刮出。

· 在鍋內倒入櫻桃、砂糖、香草豆莢及籽,中火加熱十幾分鐘,至櫻桃汁液滲出,收汁。

· 當鍋中汁液揮發後,加入泡軟及瀝乾的吉利丁片。

· 把製作好的櫻桃果凍倒入一個容器內,放入冰箱冷藏 2 小時。

· 將栗子粉和栗子奶油倒入一個容器內,攪拌均勻。

· 加入白蘭地後,攪拌均勻即可。

· 將淡奶油倒入一個容器內,再放入冰箱冷藏。

· 準備好組合的材料 (1)。

· 用刀分別將 2 塊蛋白霜周圍不整齊的地方切掉,做成蛋糕基底 (2)。

· 用抹刀將栗子奶油抹在一塊蛋白霜的側面,將 2 塊蛋白霜黏在一起 (3)。

· 當櫻桃果凍完全冷卻,將其鋪在蛋白霜上面,同時避免它掉落 (4)。

· 把淡奶油從冰箱取出,加入砂糖充分攪打至完全打發,變成質地堅實的鮮奶油。

數量 ：6 人份
準備時間：30 分鐘
烹調時間：10 分鐘
放置時間：2 小時

重點工具
不鏽鋼抹刀 1 把
塑膠擠花袋 1 個
塑膠袋 1 個

材料

### 櫻桃果凍
吉利丁片 2 張
香草豆莢 1 根
去核櫻桃（冷凍）200g
砂糖 50g

### 栗子奶油
栗子粉 200g
栗子奶油 200g
白蘭地 1 大匙

### 巧克力裝飾
黑巧克力 100g

### 組合
形狀漂亮的蛋白霜 2 個
全脂淡奶油 300g
砂糖 50g
糖粉（裝飾用）50g

1 準備好所有需要的材料，開始組合。

2 用刀分別將 2 塊蛋白霜不整齊的地方切掉，做成蛋糕基底。

3 用抹刀將栗子奶油醬抹在其中一塊蛋白霜的側面，將 2 塊蛋白霜黏在一起。

4 果凍櫻桃鋪在蛋白霜上。

# 蒙布朗櫻桃蛋糕

## Mont-Blanc griotte

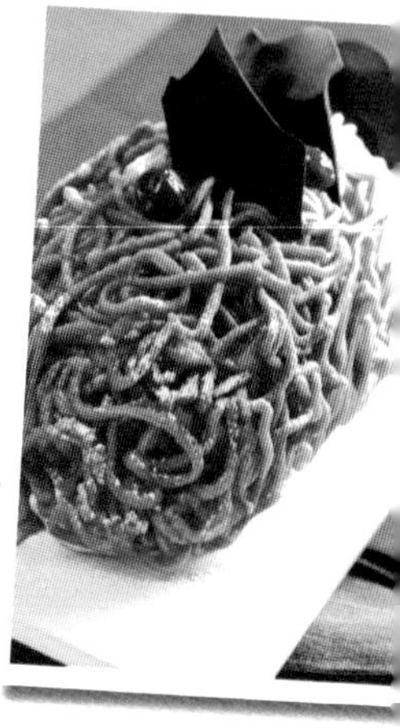

· 用抹刀把鮮奶油抹在整個蛋白霜基底上，同時覆蓋住果凍櫻桃。將鮮奶油抹至均勻且光滑，使蛋糕呈橢圓形 (5)。

· 把栗子奶油醬裝入塑膠擠花袋中。

· 用剪刀將擠花袋的前端剪掉，剪開的直徑約 3 ～ 4 公釐。

· 把栗子奶油醬擠成細條，隨意的覆蓋在蛋糕上 (6 和 7)。

### 準備裝飾

· 將融化的溫巧克力裝入塑膠袋中 (8)，然後用抹刀將其壓平、抹薄 (9)。

· 用細篩網，將糖粉均勻地撒在櫻桃蛋糕上 (10)。

· 巧克力袋放入冰箱冷藏半小時，使其凝固。然後將凝固的巧克力從塑膠袋中取出，切成碎片，放在蛋糕上裝飾即可 (11)。

### Tips

· 也可以購買各種果醬應用在此蛋糕中，但是建議選擇帶果肉的水果醬，且不要過稀。

5 用抹刀把鮮奶油抹在整個蛋白霜基底上，同時要覆蓋住櫻桃果凍。

6 把栗子奶油醬覆蓋在蛋糕的表面上。

7 栗子奶油醬裝入擠花袋中，隨意擠在蛋糕上。

8 將融化的溫巧克力裝入小塑膠袋中。

9 用抹刀將巧克力壓平、抹薄，放涼凝固。

10 把糖粉均勻地撒在蛋糕表面。

11 凝固的巧克力從塑膠袋中取出，切成大塊碎片，放在蛋糕上裝飾。

# 奶油樹幹蛋糕捲

## Bûche Mont d'or

- 以 180°C 預熱烤箱。

- 將蛋白和蛋黃分開。

- 用叉子輕輕地攪拌蛋黃。

- 麵粉過細篩網。

- 在一個較大的容器內，放入蛋白，將其打發。然後逐漸加入砂糖，直到打發至蛋白硬性發泡，但不要打得過硬。

- 加入檸檬皮碎 (1)，攪拌均勻 (2)。

- 加入蛋黃，輕輕攪拌，再倒入過篩的麵粉 (3)。

- 慢慢將容器內所有材料攪拌均勻成麵糊 (4)。

- 在烤盤上鋪一層烘焙紙。

- 把和好麵糊倒在上面，用抹刀將其抹平整 (5 和 6)。

- 放入烤箱，烤十幾分鐘。

- 海綿蛋糕烤熟後，在其表面覆蓋上一層潮濕的棉布，保持蛋糕柔軟光滑的質地，放涼。

- 吉利丁片放入冷水中，浸泡變軟。

- 把淡奶油倒入一個容器內，再放入冰箱內冷藏。

- 用湯匙輕輕攪拌白黴乳酪，保持其新鮮。

- 在一個容器內放入蛋黃和砂糖，充分攪拌 (7)，直到蛋黃發白、脹發。當然也可以將蛋黃液放入微波爐中，中火加熱 10 秒，然後繼續攪拌至質地像奶油般濃稠 (8)。

| 準備時間：50 分鐘 | 材料 | 白黴乳酪慕斯 | 組合 |
|---|---|---|---|
| 烹調時間：10 分鐘 | **海綿蛋糕** | 吉利丁片 4 片 | 百香果汁（用於浸泡）150g |
| 放置時間：1 小時 | 蛋 4 個 | 淡奶油 300g | 杏果醬（帶果肉）150g |
| | 麵粉 100g | 白黴乳酪 250g | |
| | 砂糖 100g | 蛋黃 2 個 | **收尾** |
| | 檸檬 1 個 | 砂糖 75g | 白巧克力 200g |
| | | 百香果果汁 20g | |

1. 在一個較大的容器內，將蛋白打發後，加入檸檬皮碎。

2. 攪拌均勻後再攪打幾秒鐘。

3. 然後加入蛋黃，輕輕攪拌後，再倒入過篩的麵粉。

4. 圖為攪拌均勻的麵糊。

5. 用抹刀將麵糊倒在鋪有烘焙紙的烤盤上。

6. 將麵糊抹平。放入 180°C 烤箱內，烤十幾分鐘。

7. 在一個容器內放入蛋黃和砂糖，充分攪拌。

8. 攪至蛋黃發白、脹發。當然也可以放入微波爐，中火加熱 10 秒，再繼續攪拌至其質地像奶油般濃稠。

- 百香果果汁以小火加熱，再放入泡軟並瀝乾的吉利丁片 (9)，攪拌均勻。

- 把淡奶油從冰箱取出，充分攪打至打發。

- 把打發的蛋黃倒入溫百香果果汁中 (10)，攪拌均勻。

- 然後加入打發的奶油和白黴乳酪，用木勺或橡皮刮刀將全部材料攪拌均勻 (11)，完成白黴乳酪慕斯。

### 開始組合

- 拿開海綿蛋糕上的棉布，將海綿蛋糕翻面放在一張烘焙紙上，然後小心地撕掉上面的烘焙紙，注意不要把海綿蛋糕弄破。

- 將海綿蛋糕翻面放在一張烘焙紙上，使其正面朝上。

- 用刷子蘸百香果果汁，刷在海綿蛋糕上 (12)。

- 在海綿蛋糕的 ⅔ 處，倒上一條白黴乳酪慕斯 (13)，捲上一邊的海綿蛋糕，蓋住白黴乳酪慕斯，然後在剩餘的海綿蛋糕上抹上一層杏果醬 (14)。

- 繼續將海綿蛋糕捲緊。

- 當整個蛋糕捲好後，可利用烘焙紙和一塊小板讓蛋糕捲捲得更緊實 (15)。

- 把捲好的蛋糕捲連同包裹的烘焙紙及剩餘的白黴乳酪慕斯一起放入冰箱冷藏 15 分鐘。

### 收尾

- 把蛋糕捲從冰箱取出，去除包裹的烘焙紙。

- 將剩餘的白黴乳酪慕斯塗抹在整個蛋糕捲表面，用一條烘焙紙將表面的白黴乳酪慕斯刮平 (16)。

- 然後用小刀在白巧克力上刮下碎屑，用白巧力碎片覆蓋整個蛋糕捲，作為裝飾 (17)。

- 在陰涼處放置 1 小時後即可品嘗。

將百香果果汁以小火加熱，再放入泡軟並瀝乾的吉利丁片。再將淡奶油打發。

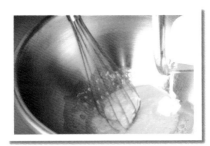

把打發的蛋黃倒入溫百香果果汁中，攪拌均勻。

加入打發的奶油和白黴乳酪，輕輕攪拌。

用刷子蘸百香果果汁，刷在海綿蛋糕表面。

在海綿蛋糕的⅔處，倒一條白黴乳酪慕斯，然後開始捲起蛋糕。

捲上一邊的海綿蛋糕，蓋住白黴乳酪慕斯，然後在剩餘的海綿蛋糕上抹一層杏果醬。

利用烘焙紙和一塊硬紙板將蛋糕捲捲緊實，然後放入冰箱冷藏。

蛋糕捲從冰箱取出，去除烘焙紙。將剩餘的白黴乳酪慕斯塗抹在整個蛋糕捲上，再用一條烘焙紙將白黴乳酪慕斯刮平。

用小刀在白巧克力上刮出碎屑，並且覆蓋整個蛋糕捲表面，作為裝飾。冷藏 1 小時後即可食用。

# 布萊恩聖誕布丁
## Christmas pudding de Brian

· 聖誕布丁是英國每年聖誕前後，舉行宗教儀式時吃的一種甜點。這種甜點需熱食，用冬青葉裝飾並用威士忌點火燒，每個賓客可以對自己面前的火燒聖誕布丁許下心願！

· 準備所需材料 (1)。將新鮮麵包片放入食物調理機中打成麵包屑。

· 將羊油切成小丁（使用羊油是傳統的方法，您也可以使用植物油）。

· 在一個較大的容器內把砂糖、麵包屑、2 種葡萄乾、糖漬櫻桃、橙皮碎、羊油（植物油）、香料、鹽和麵粉混合 (2)。

· 用木勺將容器內的所有材料混合均勻 (3)。

· 然後，加入 3 個蛋和威士忌，繼續攪拌 (4)。

· 選用一個容器，在裡面鋪上一層保鮮膜。最好選用不鏽鋼材質，並且能加熱的容器。(5)

數量：8 ～ 10 人份
準備時間：20 分鐘
烹調時間：10 小時

材料

新鮮麵包片 200g
羊油（或植物油）175g
砂糖 175g
科林斯葡萄乾 225g
斯米爾納金色葡萄乾 100g
糖漬櫻桃（畢加羅甜櫻桃）
225g
糖漬橙皮碎 110g
四香粉 1 小匙
肉桂粉 1 小匙
肉豆蔻粉 1 小撮

鹽 1 小撮
麵粉 2 大匙
蛋 3 個
威士忌 60ml

**威士忌奶油**

奶油（室溫回軟）75g
糖粉 75g
威士忌 4 大匙
威士忌（展示時使用）3 大匙

1 準備好所有材料。

2 將砂糖、麵包屑、2 種葡萄乾、糖漬櫻桃、橙皮碎、羊油（植物油）、香料、鹽和麵粉混合。

3 將所有材料混合均勻。

4 加入蛋和威士忌。

5 將步驟 4 的混合液倒入鋪有保鮮膜的容器內。

# 布萊恩聖誕布丁
## Christmas pudding de Brian

- 把混合均勻的材料倒入不鏽鋼容器內,壓平表面 (6)。
- 用保鮮膜封住表面,再用棉布將整個容器包起來 (7)。
- 將容器放入一個較大的鍋中,鍋裡倒入 ⅔ 的水。
- 蓋上鍋蓋,微火加熱 10 小時,同時注意鍋中的水,並適量添加。
- 注意!避免鍋內的水沸滾,滲入布丁內。
- 當到達建議烹調時間時,即可將布丁放涼,放入冰箱冷藏。
- 在食用前,著手製作利口酒奶油 !

### 製作利口酒奶油

- 奶油提前取出退冰,放軟後用打蛋器將其攪拌至顏色發白。
- 然後加入糖粉,繼續攪拌。
- 最後,將威士忌逐漸倒入,攪拌均勻 (8 和 9)。
- 你也可以用攪拌機完成此步驟。

### 收尾

- 布丁取出後隔水加熱 2 小時,也可以放入微波爐中,中火加熱 4 分鐘。
- 然後將布丁脫模,放入一個盤中。
- 食用前加熱 3 湯匙威士忌,淋在布丁上並點火燒 (10)。待火燒完即可將布丁切塊,配上利口酒奶油一起食用。

用湯匙將混合物表面壓平，
再覆蓋上一層保鮮膜。

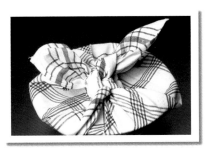

用棉布將整個容器包住，隔
水加熱 10 小時。

另取一容器，將回溫後的
奶油與糖粉一起攪拌，然
後加入威士忌。

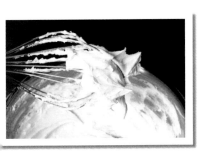

圖為威士忌奶油的質地。

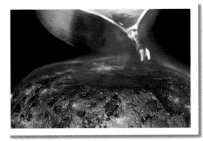

食用前加熱 3 湯匙威士忌，
淋在布丁上並點火燒。

# 烤箱溫度對照表
## EQUIVALENCES THERMOSTAT TEMPERATURE

刻度 ❶ = 50°C

刻度 ❷ = 60 ～ 80°C

刻度 ❸ = 90 ～ 110°C

刻度 ❹ = 120 ～ 140°C

刻度 ❺ = 150 ～ 170°C

刻度 ❻ = 180 ～ 200°C

刻度 ❼ = 210 ～ 230°C

刻度 ❽ = 240 ～ 260°C

刻度 ❾ = 270 ～ 290°C

刻度 ❿ = 300°C

# 致謝

**感謝攝影：**

Alain Gelberger/Catherine Bouillot：第 104 ～ 181 頁

Camen Barea/Stéphanie Champalle：第 14 ～ 95 頁、189 ～ 265 頁


**在此衷心感謝每一位：**

艾薇·德拉馬蒂尼埃。刺激創意的弗洛朗斯·雷克耶，謝謝！細心老練的羅何·阿林，
做事精準且一絲不苟；熱心的布萊恩·喬伊爾，提供有效的協助；熱愛美食的奧利維·
克里斯汀；阿蘭·傑爾柏格，卡特琳娜·布優，充滿效率的優雅雙人組；卡門·巴利亞，
提供火的洗禮；班傑明，既有耐性又有天分。思立微·坎普拉，提供明智忠告與直率；
芙杭索瓦·伍澤耶，她的點子；桑德琳·季阿克貝緹和珍卡羅德·埃米爾，純然天賦；
我的家人艾迪絲·貝克。


這本書的食譜內容選自《克里斯道夫·菲爾德的甜品課程》
《Les Leçons de pâtisserie de Christophe Felder》

第一版：

Les gâteaux de l'Avent de Christophe, © 2005 Éditions Minerva, Genève, Suisse

Les chocolats et petites bouchées de Christophe, © 2005 Éditions Minerva, Genève, Suisse

Les pâtes et les tartes de Christophe, © 2006 Éditions Minerva, Genève, Suisse

Les crèmes de Christophe, © 2006 Éditions Minerva, Genève, Suisse

La décoration en pâtisserie de Christophe, © 2006 Éditions Minerva, Genève, Suisse

Les macarons de Christophe, © 2007 Éditions Minerva, Genève, Suisse

Les brioches et viennoiseries de Christophe, © 2007 Éditions Minerva, Genève, Suisse

Les gâteaux classiques de Christophe, © 2008 Éditions Minerva, Genève, Suisse

Les mignardises de Christophe, © 2010 Éditions Minerva, Genève, Suisse

# PÂTISSERIE!
## L'ULTIME RÉFÉRENCE

## 法國甜點聖經平裝本 3

### 巴黎金牌主廚的
### 巧克力、馬卡龍與節慶糕點課

作　　者 Christophe Felder
譯　　者 郭曉賡
編　　輯 李瓊絲
美術設計 閣虹、侯心苹

發 行 人 程安琪
總 策 畫 程顯灝
總 編 輯 呂增娣
主　　編 李瓊絲
編　　輯 鄭婷尹、陳思穎、邱昌昊、黃馨慧
美術主編 吳怡嫻
美術編輯 侯心苹
行銷總監 呂增慧
行銷企劃 謝儀方、吳孟蓉

發 行 部 侯莉莉
財 務 部 許麗娟
印　 務 許丁財
出 版 者 橘子文化事業有限公司

總 代 理 三友圖書有限公司
地　　址 106 台北市安和路 2 段 213 號 4 樓
電　　話 (02) 2377-4155
傳　　真 (02) 2377-4355
E － mail service@sanyau.com.tw
郵政劃撥 05844889 三友圖書有限公司

總 經 銷 大和書報圖書股份有限公司
地　　址 新北市新莊區五工五路 2 號
電　　話 (02) 8990-2588
傳　　真 (02) 2299-7900

製版印刷 鴻嘉彩藝印刷股份有限公司
初　　版 2015 年 12 月
定　　價 新臺幣 480 元
I S B N 978-986-364-078-3（平裝）

http://www.ju-zi.com.tw
三友圖書
友直 友諒 友多聞

國家圖書館出版品預行編目（CIP）資料

法國甜點聖經平裝本 . 3：巴黎金牌主廚的巧
克力、馬卡龍與節慶糕點課 / Christophe Felder
著；郭曉賡譯 .-- 初版 .-- 臺北市：橘子文化，
2015.12
　　面；　公分
譯自：Pâtisserie : L'ultime reference
ISBN 978-986-364-078-3( 平裝 )

1. 點心食譜
427.16　　　　　　　　　　　104021864

本書繁體中文版權由中國輕工業出版社授權出版，
版權經理林淑玲 lynn1971@126.com。

©2010 Éditions de la Martinière — Atelier Saveurs,
une marque de la Martinière Groupe, Paris pour la présente édition.